統計基礎からはじめる

# 品質工学入門

◆学習指針表付

小野元久 著

日本規格協会

# まえがき

ものづくりの世界では，品質工学に関する様々な啓発書が出版され，講演会などが企画されている．多くの技術者はこれらを利用して自ら学び，品質工学の重要性・有用性を認識している．しかしながら啓発書や講演会だけで業務上の課題に対応することは容易ではなく，さらに解説書やセミナーあるいはコンサルタントなどを利用して，品質工学を学び業務上の課題に取り組むことを余儀なくされている．残念なことに，このような努力は必ずしも実を結ぶとはいえず，品質工学は難しいと挫折していく例は少なくない．なぜこのようなことになっているかを考えてみた．

田口玄一氏はかつて“品質工学は統計ではない”と言い切っていたが，品質工学を学び・理解するために，統計は不要であるとは言っていなかったと思う．田口氏の著作をはじめ，多くの品質工学の解説書などは，統計学・統計的手法（以下，統計という）の知識を前提としているように読める．それにもかかわらず，“品質工学は統計でない”ということを“品質工学には統計の知識は不要である”と捉えて統計の知識を軽んじてしまっている例が多いのではないだろうか．

一般にカリキュラムの中に品質工学を取り入れている大学は非常に少ないことから，技術者にとって品質工学を学ぶのは，社会に出た後の研修であることが多い．そのため，品質工学の理解を助けるための基盤が必ずしもできているとは限らない状態で勉強し始めることが多いと思われる．その上，品質工学の解説書の多くは，基盤を構成する事柄を明確に示していないものも少なくなく，たとえ示していたとしも既習事項として取り扱っており，むしろ品質工学の理解を困難にしているように見受けられる．

高等学校や大学における教育では，統計に関わる教育はこれまで重視されてはこなかったため，理工系の大学においてさえ統計学がカリキュラムに入っていない大学もあり，様々な弊害を生んでいるようだ．このようにしてみると，現在，ものづくりの世界で活躍している多くの若手技術者は，品質工学を学ぶための前提ともいうべき統計の知識が十分でないと考えられる．つまり，品質工学教育の全体は，学校教育において行われているような学んだ事柄を積み重ねていくシステムになっていないと考えられる．

品質工学の解説書やセミナーでは，様々なレベルの内容が混在しているようである．つまり品質工学を学ぶための標準がないため，技術者自身がどのレベルにいるのか判断がつかない状態であるといえ，品質工学を教える側も同様と考えられる．たとえて言えば，品質工学という大きな建物を建てるための基礎作りがおろそかになっているにもかかわらず，必要とされる建築材料を集め，建築図面をもたないまま建物を建てるようなものである．苦労して建築材料を集め，必死な建築作業は無駄になるばかりである．品質工学を学ぶために必要な基盤を確固たるものにし，獲得した品質工学の知識を使って業務上の課題を解決できるようになるための対策が必要と考えている．

上記の問題意識から出発した本書の企画は，アイディアから執筆に至るまでには，紆余曲折あって多くの時間をかけてしまった．品質工学の内容の理解と選択に当たってはピタゴラスの齋藤誠さんと多くの議論をすることができたことは非常に有益であった．リコーテクノロジーズ㈱の鈴木勇さんには品質工学会に掲載された論文を引用することを了解していただいた．同社の森富也さん，武田布千雄さんからは社内教育に使用されていた貴重な資料を提供していただいた．東北品質工学研究会の定例会では，本書の考え方を議論していただいた．日本規格協会グループの伊藤朋弘さん，原井理久子さんには遅々として進まない作業のためご迷惑をおかけしてしまった．多くの方々のご理解とご支援があってここまで来ることができた．ここに皆様のご厚情に深く御礼申し上げます．

2020 年 6 月

小野　元久

# 本書の構成と使い方

品質工学を学ぶ者・指導する者にとって，品質工学の内容をどこまで学べばよいか，どの程度まで身に付けばよいか判断できるようにすることが大切である．そこで品質工学の内容を段階ごとに整理する意味で本書は準備編，入門編及び実践編のⅢ編構成とした．いずれの編も必要最小限の内容を取り上げた．不十分ではあるかもしれないが各編で取り上げた内容が品質工学を学ぶ上での標準と考えた．

入門の段階からやさしくと言いながら多くの内容を伝えようとすることは消化不良を起こすおそれがあると考え，やさしく伝えることよりも必要最低限の内容を伝えることに重点を置いた結果である．

## 品質工学学習の指針

ものごとを学んでいくときには学ぶべき内容全体がわかる地図のようなものがあれば，ゴールまでの自分の位置を認識できて迷いを払拭できると思う．品質工学を学ぶ上で地図になるものを示すことができればよいと考え，“品質工学学習の指針”と銘打った一覧表を作成した（p.10 参照）．

一覧表には本書の内容と内容を構成する重要なキーワードを規準として記載した．学習の進度と理解の程度を判定するための資料として使っていただきたい．なお規準とは品質工学（機能性評価，パラメータ設計）を理解するためのよりどころという意味である．

この“学習の指針”は大きな表になっているため文字を小さくレイアウトせざるを得なかった．そこで，本書に掲載したものと同じ表を PDF データにて日本規格協会のホームページ（JSA Webdesk）からダウンロードできるようにしたので利用していただきたい．

https://webdesk.jsa.or.jp/books/W11M0700/?syohin_cd=351147

### 準備編

準備編では，統計の内容が品質工学を学ぶ上での基盤形成材料であるとして，必要と思われる内容を取り上げ，身に付けることを目標とした．ただ品質工学に関わる統計学の内容は膨大であることから全てを取り扱うことは入門段階では適切ではないので，SN 比を求めるために必要な 2 乗和の分解に関わる分散分析法だけを取り上げることにした．それでもその内容と分量は決して少なくないことから，ごく一部を独自の判断で取捨選択して準備編の内容とした．これまでは品質工学の内容を理解する上で必要な事項をその都度説明する手法がとられてきているが，本書ではそのような事項はあらかじめ準備編で説明するようにした．このようにすることで，品質工学の重要な内容を理解するときに本筋を見誤らないようになると考えた．

### 入門編

入門編では，品質工学の内容から機能性評価とパラメータ設計を取り上げ，この二つを理解することを目標とした．許容差設計，MT システム，オンライン品質工学など他にも理解すべき手法があるが思い切って取り扱わないことにした．ここでは機能性評価とパラメータ設計を理解することに重点を置き，必ずしも自力で使えるようになっていなくても構わないと割り切った．

### 実践編

実践編では，機能性評価とパラメータ設計の実験計画の策定と実験の実施並びに実験結果の評価を自力でできることを目標とした．あわせて社内での品質工学のアドバイザの役割を担えようになればよいとも考えた．このようなレベルに達するには，品質工学に関わる書籍や研究論文などを読みこなせるようになることが必要であるとして，多数の資料を提示した．

## 本書の活用方法

本書は前書である『基礎から学ぶ品質工学』(小野元久編著，日本規格協会）の考え方・内容を踏襲していることから，前書の姉妹編ともいえる．本書では分散分析法から 2 乗和の分解及び SN 比の導出までに出てくる各種の式の証明は省略している．したがって各種の式の証明等を必要とする場合は，前書を適宜参照していただきたい．

本書を使った品質工学の学習・教育に当たっては，教科書を学ぶ・教科書を教えるという立場ではなく，教科書で学ぶ・教科書で教えるという立場を取っていただきたい．なぜならば，教科書とは教育の目的や目標を達成するための一つの素材（教材）であるとされているからである．

本書の各編で取り上げた内容は，品質工学を学ぶ上での標準とした必要最小限のものである．したがって各編の内容を確実に身に付けて実務上の課題に対応できるようになるためには，本書を使って学習・教育を進めながら，各段階に見合った実務上の課題を例題として解いていくことが望ましい．こうしたことがかなわない場合は，例えば本書で取り上げた内容についてより具体的なものになるように同僚などとディスカッションをする，他書の演習問題を解く，研究論文や実施報告書を読み解くなどして学習・教育を発展させて欲しい．

品質工学の学習・教育の目的は，品質工学を使いこなして実務上の課題を解決できるようになることである．本書のような教科書を学ぶ・教育することが目的ではない．この目的達成の学習・教育のための教材として本書を活用していただきたい．

# 目　次

# II. 入門編



# III. 実践編

## ●品質工学学習の指針●

**準備編のねらい**　品質工学の手法を理解するための基盤形成をねらいとする．分散分析法の基礎的な知識を獲得してSN比に展開する．品質工学の実験計画策定に必須な直交表の存在を知って使用法を身に付ける．

| | | 第1章 | 第2章 | | | |
|---|---|---|---|---|---|---|
| 章 | タイトル | 品質工学の考え方 | 品質工学における実験の考え方 | | | |
| 章 | 目標 | 品質工学の基本的な考え方を理解し，品質工学を学ぶために必要な基盤形成材料である統計手法が身に付きやすくなるように備える． | 実験目的を明確にして実験計画を立て，実験目的に合った実験を行うことの大切さを知る．測定データに含まれる実験誤差の存在を正しく認識し，単に実験データを整理するだけでなく，実験誤差をものづくりに生かす方法を知る． | | | |
| 節 | | — | 第1節 | 第2節 | 第3節 | 第4節 |
| 節 | タイトル | — | 無駄のない効果的な実験 | 実験から得られるデータと平均値並びに誤差 | 測定機器及び測定対象が誤差発生要因の影響を受けて発生する誤差 | 測定データのばらつきをものづくりに利用する |
| 節 | 内容 | ・出荷後に市場でトラブルにならないように事前に手を打つ<br>・測定データがばらつく要因を排除しない<br>・測定データをばらつかせる要因の影響が小さくなるように設計段階で手を打つ | 実験目的が科学的実験あるいは工学的実験のいずれであるかを正しく認識して無駄のない実験を実施することの大切さを知る． | 平均値を求めることの意味の確認．分散及び標準偏差は平均値とデータの偏差から求める． | 実験データに含まれる誤差を分類，必然誤差が発生する要因が誤差因子 | 実験データに含まれる有効な情報と無効な情報の比がSN比であること |
| 規準 | | 未然防止，ばらつき要因 | 科学的実験，工学的実験 | 偏差，分散，標準偏差，誤差 | 内乱，外乱，実験誤差，繰返し実験，偶然誤差，系統誤差，必然誤差，誤差因子，ノイズ因子，機能を乱す要因 | 特性値，SN比，有効成分，無効成分 |

| | | 第4章 | | | 第5章 | |
|---|---|---|---|---|---|---|
| 章 | タイトル | 直交表 | | | システムの出力のばらつきと出力の大きさ | |
| 章 | 目標 | 総当たり実験になる多元配置から一部実施実験になる直交表に展開する直交表とは何か，直交表の種類，直交表の使い方を学ぶ．直交表はパラメータ設計を進める上で非常に重要なツールであることを認識する． | | | 開発設計段階，各生産工程におけるシステムの理想的な姿や目標値と実際の値の差すなわちばらつきの大きさを表す特性値としてSN比を定義する．SN比を使う場合，誤差因子の適切な使用がSN比の有効性に | |
| 節 | | 第1節 | 第2節 | 第3節 | 第1節 | 第2節 |
| 節 | タイトル | 直交表とは | 直交表の種類 | 直交表の使い方 | システムの出力のばらつきと出力の大きさの表現方法 | 誤差を発生させる要因である誤差因子 |
| 節 | 内容 | 直交表の成り立ち | ・2水準系直交表<br>・3水準系直交表<br>・混合系直交表 | ・要因を直交表に割り付ける．<br>・要因効果を求める． | システムの出力のばらつきはSN比で表すこと．出力の大きさは感度で表すこと． | ものづくりの分野では避けられない誤差因子がある．品質工学では誤差因子を排除せず利用する立場をとる． |
| 規準 | | 直交，直交表 | 2水準系直交表，3水準系直交表，混合系直交表 | 制御因子，要因効果 | 変動比型SN比，感度 | 誤差因子の分類 |

| 第3章 | | |
|---|---|---|
| 分散分析法 | | |
| SN比を計算するためには，全データを2乗和の分解によって有効成分と無効成分に分ける必要がある．分散分析法の基礎知識を身に付けて2乗和の分解の方法と得られた結果の読み方に習熟する． | | |
| 第1節 | 第2節 | 第3節 |
| 品質工学を学ぶに当たっての分散分析法の知識の必要性 | 分散分析法の導入 | 多元配置による実験の計画 |
| 品質工学を学ぶに当たっての分散分析法の知識の必要性 | 2乗和の分解によって全変動が平均変動と誤差変動に分解できること | ・一元配置実験<br>・二元配置実験<br>・多元配置実験 |
| 要因，水準，分散分析法，SN比 | 全変動，平均変動，誤差変動，2乗和の分解，有効成分，無効成分 | 交絡，計測特性，要因，因子，制御因子，水準，実験の繰返し，測定の繰返し，一元配置，一元配置実験，二元配置，二元配置実験，実験条件，要因効果図，交互作用，主効果，多元配置，総当たり実験 |

| | |
|---|---|
| | |
| 大きな影響を与える．SN比の計算に当たっては，2乗和の分解を使用する．SN比と誤差因子を正しく理解する． | |
| 第3節 | 第4節 |
| 動特性のSN比 | データのタイプごとに分類した動特性のSN比 |
| 入力と出力の関数関係で表現されるシステムの出力のばらつきを表す動特性のSN比を知る． | ・データがランダムにばらつく場合<br>・誤差因子が1要因で2水準の場合<br>・誤差因子が1要因で多水準の場合<br>・誤差因子が2要因で2水準の場合 |
| システム，機能，基本機能，動特性，動特性のSN比，ゼロ点比例のSN比，信号因子 | 変動比型SN比，感度，傾き |

**【注意】**

表中の“規準”とは，品質工学（機能性評価，パラメータ設計）を理解するためのよりどころである．

セミナーや講義等で本書を使用する場合，“規準”としたキーワードを理解しているかどうかテスト等でチェックして欲しい．

本書を自己研鑽等で個人で使用する場合は，“規準”を理解しているかどうかは，自己診断に委ねる．

テストや自己診断の実施に当たっては，それぞれが“規準”を作って評価することを勧める．“規準”とは，例えば70点～80点はC，81点～90点はB，91点～100点はAのようにして評価するときの閾値と考えればよい．

**入門編のねらい**　機能性評価とパラメータ設計の基本的内容を身に付けてアドバイスを受けながら実験計画を立てて実践できることをめざす.

<table>
<tr><td rowspan="3">章</td><td></td><td colspan="5">第1章</td></tr>
<tr><td>タイトル</td><td colspan="5">機能性評価</td></tr>
<tr><td>目標</td><td colspan="5">機能性評価の基本的な手順を学んで機能性評価を使えるようになる．機能性評価は誤差因子の影響下にあるシステムの安定性をSN比で比較評価する手法.</td></tr>
<tr><td rowspan="3">節</td><td></td><td>第1節</td><td>第2節</td><td>第3節</td><td>第4節</td><td>第5節</td></tr>
<tr><td>タイトル</td><td>機能性評価とは</td><td>機能性評価の考え方</td><td>機能性評価の進め方</td><td>機能性評価の例</td><td>機能性評価の実例</td></tr>
<tr><td>内容</td><td>機能性評価の概略<br>機能性評価の利用法</td><td>機能性評価の考え方，評価の観点と基準</td><td>項目立てた機能性評価のプロセス</td><td>機能性評価のプロセスを具体的な例で説明</td><td>機能性評価を実際に適用した例</td></tr>
<tr><td colspan="2">規準</td><td>機能性，ロバスト性，比較評価</td><td>評価の観点，評価の基準，SN比の利得</td><td>信号因子，誤差因子</td><td>誤差探し実験，安定，安定性，ロバスト，ロバスト性</td><td>—</td></tr>
</table>

| 第2章 | | | 第3章 |
|---|---|---|---|
| パラメータ設計 | | | パラメータ設計の実例 |
| パラメータ設計を実施するねらいとパラメータ設計の進め方を学んでパラメータ設計を使えるようになる．パラメータ設計は対象とする部品・製品や製造条件が誤差因子の影響下にあっても安定して働くように設計条件・製造条件を決める手法． | | | パラメータ設計の実例全体を独力で読みこなせる． |
| 第1節 | 第2節 | 第3節 | — |
| パラメータ設計のねらい | パラメータ設計の考え方 | パラメータ設計の進め方 | — |
| 機能性評価とパラメータ設計の違い<br>パラメータ設計のねらい | 二段階設計の考え方 | 項目立てたパラメータ設計のプロセス | — |
| 制御因子，直交表，最適化，最適条件，二段階設計 | 二段階設計 | システム選択，サブシステム，システムの分解，Pダイヤグラム，水準別平均，要因効果図，最適条件，比較条件，利得，利得の再現性，チューニング，調整 | — |

**実践編のねらい**　機能性評価とパラメータ設計を詳細に理解して独力で実験計画を立てて実践できることをめざす．
様々な情報を独力で読み解き課題に反映できるようになることをめざす．

| | | 第1章 | | | |
|---|---|---|---|---|---|
| 章 | タイトル | 動特性とみなすSN比 | | | |
| 章 | 目標 | 動特性のSN比に括られない準動特性SN比・静特性のSN比を理解し，様々な技術課題に対応できるようになる． | | | |
| 節 | | 第1節 | 第2節 | 第3節 | 第4節 |
| 節 | タイトル | 望目特性のSN比 | 基準点比例のSN比 | システムの機能が非線形の場合のSN比 | 静特性のSN比<br>SN比 |
| 節 | 内容 | 望目特性のSN比<br>・誤差因子が1要因で実験の繰返しあり<br>・誤差因子が2要因<br>・ゼロ望目特性 | 基準点比例のSN比 | システムの機能が非線形の場合のSN比 | 望小特性のSN比<br>望大特性のSN比<br>オメガ変換 |
| 規準 | | 望目特性のSN比 | 基準点比例のSN比 | 標準SN比 | 望小特性のSN比<br>望大特性のSN比<br>オメガ変換 |

| | | 第4章 | 第5章 |
|---|---|---|---|
| 章 | タイトル | パラメータ設計におけるチューニング | シミュレーションによるパラメータ設計 |
| 章 | 目標 | チューニングの方法は多様であることを知り，技術課題に柔軟に対応できる． | パラメータ設計にシミュレーションを適用するときの得失を理解してパラメータ設計を使いこなす．研究論文を読み解くことができる． |
| 節 | | — | — |
| 節 | タイトル | — | — |
| 節 | 内容 | ・システムの機能を望目特性のSN比で最適化した場合の例<br>・システムの機能を動特性のSN比で最適化した場合<br>・目標曲線へのチューニング | シミュレーションを使ったパラメータ設計を実践するときの課題を知って実践できる．品質工学に関わる種々の研究論文，レポート，書籍などを読み解くことができる． |
| 規準 | | チューニング，調整，二段階設計，直交多項式 | — |

| 第2章 | | | 第3章 | |
|---|---|---|---|---|
| 機能の表現と誤差因子 | | | 直交表の詳細 | |
| 異分野の多種多様な技術に触れ，システムの機能表現と誤差因子の選定に磨きをかける． | | | 直交表に関わる様々な内容を理解して使いこなせる． | |
| 第1節 | 第2節 | 第3節 | 第1節 | 第2節 |
| 機能を表現するときの手助け | 機能窓法 | 誤差因子のいろいろ | 直交表の使い道 | 直交表の特別な使い方 |
| 機能の分類 | 静的機能窓法<br>動的機能窓法 | ・誤差因子を考えるときの手助け<br>・誤差因子の候補から誤差因子を選び出す<br>・調合誤差因子 | ・実験回数の合理的な削減による実験の効率化<br>・交互作用の検証<br>・システムの安定性確保の手段<br>・SN 比の利得の再現性チェック | ・多水準法<br>・ダミー法<br>・水準ずらし<br>・内側直交表と外側直交表の直積 |
| — | 機能窓，静的機能窓法，動的機能窓法 | — | 交互作用，混合系直交表，交絡，再現性のチェック，加法性のチェック | 多水準法，ダミー法，水準ずらし，内側直交表，外側直交表，直積，直積実験 |

# I. 準備編

品質工学の祖である田口玄一氏は，品質工学を説明するときに“品質工学は統計ではありません”と断言していたことはよく知られたことである．そのため品質工学を理解するためには，統計的手法の理解は不要であるとの主張もある．しかしながら品質工学の手法の多くは，分散分析法を中心とした統計的手法から派生してきたものと考えたくなる事項が多数あるのも事実である．

そのため，これらの統計的手法の一部を利用できるようになっていれば，品質工学の手法を理解し使いこなすようになる近道ではないかと考えている．このような考え方は，統計的手法の一部をつまみ食いするようなことであり，統計的手法を誤って理解する危険性があるとの批判にさらされるに違いないが，こうした批判をあえて受け入れつつ品質工学の手法をより身に付けやすくするための手段とすることにした．これは一つの考え方であり，品質工学を理解するための必要条件であるとは言わない．しかしながら品質工学の重要なSN比や誤差因子などを使いこなせるようになるためには，統計的手法の知識は品質工学の教育の基盤であるとし，準備編でこれらを取り扱うことにした．

**第 I.1 章のねらい**

品質工学の基本的な考え方を理解し，品質工学を学ぶために必要と考える統計手法など（基盤形成材料）がより身に付きやすくなるように備える.

# I. 1　品質工学の考え方

**(1) 出荷後に市場でトラブルにならないように事前に手を打つ**

寿命試験や信頼性試験は，簡単に言えば製品を市場に出す前に問題がないか調べる試験と言えるだろう．こうした試験方法の問題点は，製品が内蔵しているかも知れない全ての弱点を試験期間中にあぶり出すことができるかどうかにある．適切な試験が行われれば，製品は市場でねらった製品寿命を迎えることができるだろう.

しかしながら実際は必ずしも思惑どおりにはいかず，製品がトラブルを起こして会社に戻されることが少なくない．そうなると技術者をトラブル対応にあてざるを得なくなり，対応のために多くの時間と多額の費用を浪費することになる．トラブル対策は単なる対策にとどまらず，設計など技術者が本来やるべき仕事を阻害することにもなってしまう.

発生したトラブルに対応する仕事は，多くの場合，トラブル発生の原因を探って改善作業にあてられることになるので，トラブル発生原因が分かれば対応策のキーになり，その後の仕事に役に立つことだろう．しかしながらトラブル発生から解決までの時間と費用は無視できないだけでなく，会社にとって最も深刻なことは，大切な信用を失ってしまうことである.

品質工学では，このように市場に出した製品がトラブルを発生したら，その発生原因を探求して手を打つという考え方ではなく，製品を出荷する前にトラブルが発生しないように設計・製造段階で手を打つという考え方をする．これはいわゆる**未然防止**であり，未然防止を実践するためには仕事の結果を評価する手段が必要となるが，品質工学では機能性評価，パラメータ設計は評価のための手法と言ってよい．

### (2) 測定データがばらつく要因を排除しない

ものづくりに当たっては，設計段階・製造段階で設計条件や製造条件を決定するために各種実験が行われる．多くの場合，このような実験では，製品の特性を調べる測定データがばらつかないように環境温度や湿度などは一定に保たれる．すなわち環境温度や湿度の変動を排除する立場で実験が行われる．

品質工学の考え方を適用して実験しようとする場合，環境温度や湿度の変化が製品に影響を及ぼして測定データがばらつくと言えるのであれば，このような条件の変化を排除するという考え方を取らない．なぜならば設計者は市場の環境温度や湿度を制御できないからである．測定データがばらつく要因である環境温度・湿度の変化を実験に取り込み，ばらつき要因の影響を受けている程度を調べる，すなわち機能性評価を実施して技術課題解決に利用しようとする．

### (3) 測定データをばらつかせる要因の影響が小さくなるように設計段階で手を打つ

設計段階や製造段階の実験において測定データのばらつき要因の影響を小さくするためには，品質工学の代表的な手法であるパラメータ設計が使用される．パラメータ設計を使って設計条件や製造条件を決めるに当たっては，製品が市場で使用される様子を想定するなど様々な角度から検討してばらつき要因を採用する．ばらつき要因としては，製品の外から影響を及ぼしてくる外乱，製品自体の劣化などの内乱が考えられる．また，製造段階でのパラメータ設計では，次工程を市場とみなすこともある．

**【コラム I.1】　損失関数**

損失に関わる内容は品質工学全体を支える重要な基盤である．この内容はオンライン品質工学と呼ばれる領域にあるが，この領域に進んで本章で取り扱うには荷が重すぎることと本書で扱う機能性評価とパラメータ設計との関わりは希薄であることからコラムで簡潔に取り扱うことにした．本記述以上のことを学ぶ場合には，参考文献 1)，2)，3）などを参照して欲しい．

**(1)　データがばらつくことによって損失が発生する**

市場に出された製品の使われ方は多種多様であり，多種多様な使われ方はトラブルの原因となり，損失を発生することがある．この損失は式(I.1.c1)で表され，**損失関数**と呼ばれている．

$$L(y) = k(y-m)^2 \qquad \text{(I.1.c1)}$$

ここに，　$y$：製品の特性値

$m$：製品の特性値の目標値

$k$：定数

式(I.1.c1)を図示すると，図 I.1.c1 のようになる．図 I.1.c1 は，製品の特性値 $y$ と製品が不具合を起こしたときの損失 $L$ の関係であり，損失 $L$ は目標値からのずれ（$\Delta=y-m$）すなわち製品の特性値のばらつきの 2 乗に比例して

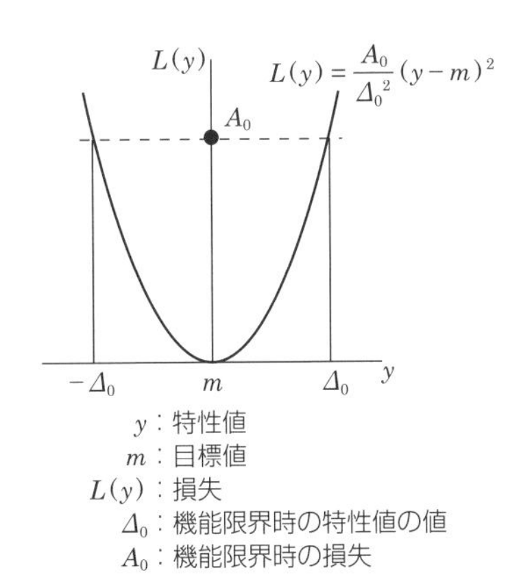


**図 I.1.c1**　製品の特性値 $y$ と損失 $L$ の関係

大きくなっていくことを表している．

トラブル発生時の損失を具体的に求めるためには，式(I.1.c1)の比例定数$k$を定める必要がある．そこで，製品が働かなくなったときのことを**機能限界**と呼び記号$\Delta_0$で表し，製品の機能限界のときの損失を$A_0$とする．機能限界時に発生する損失は，修正するのであれば修理費用や人件費など，廃棄する場合は廃棄費用や人件費などで構成されるとする．

式(I.1.c1)の左辺に$A_0$，右辺の$y-m$に$\Delta_0$を代入して$k$を求め，これを式(I.1.c1)に代入すると式(I.1.c2)のようになる．

$$L(y)=\frac{A_0}{{\Delta_0}^2}(y-m)^2 \qquad \text{(I.1.c2)}$$

式(I.1.c2)はトラブルを発生した製品1個当たりの損失を表している．損失関数は，特性値，すなわちデータがばらつくことによって損失が発生し，損失の大きさは特性値のばらつきの2乗に従って変化することを表している．損失関数の考え方とその適用は広範囲に渡っており，品質工学の考え方を学ぶ上では大切なものである．

### (2) 出荷前の損失と出荷後の損失の和を小さくする

品質工学では，製品を出荷する前にメーカが負う損失を**コスト**，製品が市場に出荷された後にユーザに与える損失を**品質**[*1]と定義しているが，コストと品質は，表I.1.c1のように整理できる．各種コストと各種品質のそれぞれの和は小さいほうが望ましいだけでなく，コストと品質の大きさは，バランスが取れていることが望ましいとされている．品質の定義に当たっては，損失関数の考え方がベースになっていて，特性値のばらつきを小さくすることの有効性を主張している．メーカのコストはさることながら，ユーザの損失，すなわち品質の定義は品質工学固有の考え方と言える．

---

[*1] 品質の厳密な定義：品物が出荷後，社会に与える損失である．ただし，機能そのものによる損失は除く．

**表 I.1.c1**　出荷前の損失と出荷後の損失

| 出荷前の損失<br>メーカの損失<br>コスト | 例 | 出荷後の損失<br>ユーザの損失<br>品質 | 例 |
|---|---|---|---|
| 材料コスト | 高価な材料 | − | − |
| 加工コスト | 長い加工時間, etc. | 使用コスト | 消費電力が大きい，立ち上がりに時間がかかる，etc. |
| 管理コスト | 原価などコスト管理に要する費用<br>開発設計に係る費用，etc. | 特性値のばらつきによる損失 | 保証期間前に故障する割合が大きくなる．連続使用による異常が発生しやすくなる．製造のばらつきが大きくなってユーザの印象が悪くなる．etc. |
| 生産時に発生する弊害項目による損失 | 騒音，有害物質，etc. | 使用時に発生する弊害項目による損失 | 騒音，有害物質，etc. |

**コラム I.1 の参考文献**


1)　ベーシック品質工学へのとびら，横山巽子，田口玄一，日本規格協会，2007
2)　ベーシックオフライン品質工学，田口玄一他，日本規格協会，2007
3)　タグチメソッドわが発想法，田口玄一，経済界，1999

**第 I.2 章のねらい**

実験目的を明確にして実験計画を立て，実験目的に合った実験を行うことの大切さを知る．実験から得られる測定データに含まれる実験誤差の存在を正しく認識し，単に実験データを整理するだけでなく，実験誤差をものづくりに生かす方法を知る．

# I. 2　品質工学における実験の考え方

## 2.1　無駄のない効果的な実験

製造条件を決めるときには，実験によってデータの収集・解析が行われる．自然現象を理解するようなときには，理論的説明と起きている現象が一致するかということを検証する実験が行われる．それぞれの実験は，実験に対する立場・目的が異なることから実験の方法も異なることに気を付ける必要がある．

参考文献 1）では，実験を目的及び実施方法の観点から，理論的に説明される現象の検証のための**科学的実験**と実験結果を活用した技術開発や製品の改善のための**工学的実験**に分け，実験は目的によって実験条件の決め方や方法が異なるということを注意喚起している．実験に当たっては，実験する立場，すなわち科学的実験か工学的実験か並びにその実験の目的を明確にしなければいけないという主張である．製造条件を決めるために品質工学の考え方に従って実験を実施する場合にも科学的実験あるいは工学的実験を行おうとしているのか明確にしなければいけない．著者が見聞きした経験によれば，工学的実験の立場を取るべきなのに科学的実験の立場で実験をして混乱しているケースが散見されている．

日本国内で広く使用されている製品が市場で不具合を起こしたことから，製品の設計値を変更して市場に再投入することを考えているとしよう．ただし，不具合発生原因は分かっていない．このような場合の科学的実験と工学的実験について考えてみる．

第一は，不具合の徹底的な調査と不具合原因究明のための実験が行われ，その不具合発生原因を取り除いて設計値を決めるという方法．第二は，市場での使用環境・条件が変化しても不具合が発生しない設計値を探るための実験をして，設計値を決めるという方法．第一の方法は，不具合原因を探る実験によって不具合が発生した現象を理解し，設計値を決めるというプロセスをたどることから，これは科学的実験と言える．第二の方法は，不具合発生原因を探ることは後回しにして，変化する使用環境・条件に耐え得る製品の設計値を実験によって決めるというやり方であり，工学的実験と言える．

科学的実験による精密な実験を行って不具合原因が分かったとしても，その不具合発生原因を取り除くことができるとは限らない．例えば，高温高湿という使用環境が不具合発生原因であるならば，高温高湿という使用環境は取り除けないであろう．不具合発生原因を探る前に，使用環境・条件が変化しても不具合が発生しないような設計条件を決めることができれば，このような実験はまさに工学的実験と言える．

不具合が発生したときの原因を知ることは大切なことだが，不具合が発生しないように設計値を決定することができれば，不具合の発生原因を探るという余計な仕事をしなくてもよいことになる．ここで注意しておきたいことは，科学的実験と工学的実験に軽重があるわけではないということである．実験の目的を正確に認識して無駄のない効果的な仕事をすべきという主張であることを理解すべきである．これから学ぶ品質工学では，ここに述べたような工学的実験をするにはどうすればよいかを学ぶことになる．

## 2.2　実験から得られるデータと平均値並びに誤差

図 I.2.1 は，生産した部品のある部分の寸法（mm）をヒストグラム（度数分布図）に表したものである．部品の寸法の平均値が図に縦の破線で示してあ

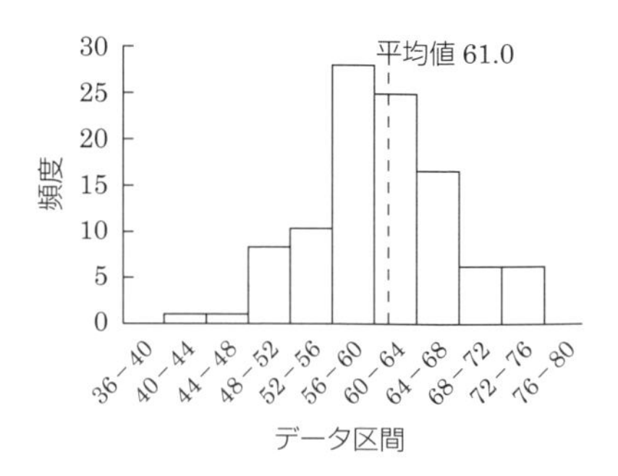


**図 I.2.1**　部品寸法のヒストグラム

り，図から部品寸法の値は，平均値の周辺に広がって分布していることが分かる．また，ヒストグラムには最大値，最小値，最頻値，中央値などの代表値*1も示されることがある．このように平均値は，全データの様子を表現する代表値の一つと言える．

ヒストグラムを意識しないまでも，我々が日常データを取り扱うときには，平均値を採用することが多いようである．平均値の算出は，収集したデータ群の様子を概観する代表値であること，また各データが平均値から離れている様子を知りたいために行われると考えられる．表 I.2.1 は，製造条件が異なる 9 個の部品の測定値とその平均値を示している．

**表 I.2.1**　ある部品の寸法測定結果

単位　mm

| | 1 | 2 | 3 | 4 | 5 | 6 | 7 | 8 | 9 | 平均 | 総平均 |
|---|---|---|---|---|---|---|---|---|---|---|---|
| 製造条件 1 | 1.58 | 1.62 | 1.55 | 1.72 | 1.50 | 1.68 | 1.73 | 1.65 | 1.60 | 1.63 | 1.72 |
| 製造条件 2 | 1.86 | 1.72 | 1.76 | 1.80 | 1.83 | 1.78 | 1.91 | 1.81 | 1.90 | 1.82 | – |

*1　最大値：データの中で最も大きい値．
最小値：データの中で最も小さい値．
最頻値：データの中で最も多く現れる数値．
中央値：データを小さい順に並べたとき両側からちょうど真ん中にある数値．データ数が奇数であれば真ん中，偶数であれば真ん中の 2 つの値の平均値．

平均値（$\overline{x}$）は平均とも呼ばれ，式(I.2.1)のように表される．ここに，$n$ はデータ数，$x_i$ はデータが $n$ 個あるうちの $i$ 番目のデータであることを表している．

$$\overline{x} = \frac{1}{n}\sum_{i=1}^{n} x_i \qquad \text{(I.2.1)}$$

表I.2.1の測定値を図I.2.2に表したが，この図表から製造条件1は総平均値より小さくできているようであるが，製造条件2では大きくできているようであるということが読み取れる．

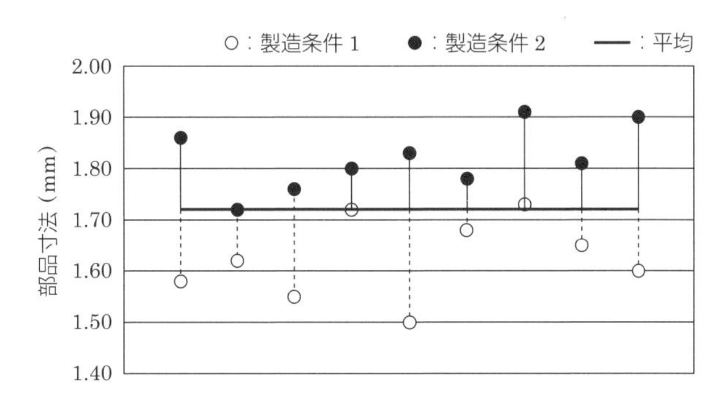


**図 I.2.2**　ある部品の寸法測定結果[*2]

製造条件1の平均値は1.63 mm，最大値は1.73 mm，最小値は1.50 mmであり，最大値と最小値の差（範囲）は0.23 mmである．製造条件2の平均値は1.82 mm，最大値は1.91 mmで，最小値は1.72 mmであり，その差は0.19 mm．以上のことから製造条件1と製造条件2とでは部品寸法には差があるように見える[*2]が，本当にそうであるだろうか．ほかにどんなことをすれば製造条件1と製造条件2で作った部品寸法の平均に差があるかどうか言えるのであるだろうか．

図I.2.2に示したデータと平均値との差（**偏差**）から表I.2.2に示すように，製造条件1と製造条件2とでは様子が違うことが分かる．製造条件1の場合，総平均値より小さくできているが，製造条件2の場合は，大きくできている

[*2] 実験データは表だけでなくグラフ化することを習慣付けよう．

**表 I.2.2** 製造条件による偏差の違い

| | 1 | 2 | 3 | 4 | 5 | 6 | 7 | 8 | 9 |
|---|---|---|---|---|---|---|---|---|---|
| 製造条件 1 | −0.14 | −0.10 | −0.17 | 0.00 | −0.22 | −0.04 | 0.01 | −0.07 | −0.12 |
| 製造条件 2 | 0.14 | 0.00 | 0.04 | 0.08 | 0.11 | 0.06 | 0.19 | 0.09 | 0.18 |

偏差 ＝測定データ − 総平均

ようである．しかしながら各偏差の大きさを見比べた場合，各偏差に違いがあるかどうかは分からない．

表 I.2.3 に示すように各偏差の 2 乗を計算してみよう．偏差の 2 乗平均（**分散**）は，製造条件 1 の場合は 0.0142 mm$^2$，製造条件 2 の場合は 0.0133 mm$^2$ である．偏差の 2 乗平均の単位も 2 乗になっているので，偏差の 2 乗平均の平方根（**標準偏差**）を取って元のデータと同じ単位にしてみる．計算の結果は，0.12 mm で製造条件 1 と製造条件 2 とも同じであり，違うように見えていたものが，平均値からの差という観点からは，違いがないようである[*3]．

**表 I.2.3** 偏差の 2 乗

| | 1 | 2 | 3 | 4 | 5 | 6 | 7 | 8 | 9 |
|---|---|---|---|---|---|---|---|---|---|
| 製造条件 1 | 0.0196 | 0.0100 | 0.0289 | 0.0000 | 0.0484 | 0.0016 | 0.0001 | 0.0049 | 0.0144 |
| 製造条件 2 | 0.0196 | 0.0000 | 0.0016 | 0.0064 | 0.0121 | 0.0036 | 0.0361 | 0.0081 | 0.0324 |

ここでは，2 組のデータに違いがあるかどうかを調べるために，標準偏差を使って比較したが，ものづくりの場合は，平均値だけでなく目標値からの差を調べることが多くある．目標値と測定値の差は**誤差**[*4] であり，ものづくりでは重要なキーワードである．誤差の値が大きいということは，目標どおりに作れていない証になるからである．

---

[*3] 2 組の測定データとその平均値からの差に違いがあるかどうかは，厳密には統計手法である平均値の検定にその判断をゆだねることになるが，ここでは，この程度にとどめておく．

[*4] 計測の分野では，誤差は，真の値と測定値との差と定義されている．

【注意】

本書では，各種の計算は Microsoft 社の Excel®を使用した．そのため電卓などを使って計算した場合と結果が異なることがある．実験データの計算では，計算結果の桁数を何桁取るかは，使用した実験機器など種々の条件によって異なることから一律に示すことは困難と考え，本書では特に取るべき桁数は指示しなかった．しかしながら，実際の実験等では実験データの桁数は重要な意味を持つので，計測関係の専門書を参考にするなどして十分に気を配るべきである．

## 2.3　測定機器及び測定対象が誤差発生要因の影響を受けて発生する誤差

実験や製品製造に使用する測定機器が誤差発生要因である**内乱**や**外乱**によって影響を受け，測定値が変動し**実験誤差**と呼ばれる誤差が発生することがある．同じように製品を製造する過程で製造装置などが誤差発生要因の影響を受ける．

内乱は実験対象や測定機器がその内部に発生する種々の現象が誤差発生要因となるものであり，外乱は実験対象や測定機器に外部から影響を及ぼしてくる要因である．

例えば室温が一定になるように管理されていない工場内で，旋盤加工をしている部品の寸法をマイクロメータで測定しているとしよう．マイクロメータと被測定物は室温変動の影響を受けるが，それぞれの線膨張係数が異なることからマイクロメータの目盛の読み値には誤差が発生することが考えられる．こうした場合の室温の変動は外乱である．このマイクロメータを長年使用してマイクロメータのスピンドルねじがすり減ったにもかかわらず，そのまま測定したとすれば，同じようにマイクロメータによる部品の寸法値には，誤差が発生するであろう．このようにマイクロメータのスピンドルねじがすり減るという現象は内乱である．

誤差発生要因は測定機器だけでなく測定対象にも影響を及ぼす．また測定対象が簡単な部品のようなものだけではなく，部品が複雑に組み立てられた製品なども時と場所を選ばず，あらゆるところで誤差発生要因の影響を受けて様々な問題を引き起こすことにもなる．

実験誤差は，実験を繰り返す（**繰返し実験**）ときにランダムかつ偶然に発生する**偶然誤差**，誤差発生が一定の傾向を持つ**系統誤差**に分けることができる．一方，製品が市場で使われることを想定して実験者が意図的に設定する誤差発生要因があり，この要因によって発生した誤差は**必然誤差**と呼ばれている．

偶然誤差は，一定条件で製造したときに使用する部品・材料などによって発生する量産品の個体差によるばらつき，管理していない室内温度の変化によって発生するばらつきなどが考えられる．必然誤差は，例えば劣化が促進するように強制的に劣化条件を与えたときに発生するばらつき，使用環境温度を意図的に大きく変化させたときに発生するばらつきなどが考えられる．

室温のような誤差発生要因は，温度が一定になるように制御されるが，同じ温度でも外気温のような場合は管理しようとしても管理できない．このことから品質工学では市場に投入された製品は誤差発生要因の影響下にあっても安定に働くように設計することを推奨しており，誤差発生要因を管理するような立場は取らない．誤差発生要因は**誤差因子**，**ノイズ因子**，**機能を乱す要因**などと呼ばれ，製品の評価や設計などで積極的に採用される．

## 2.4 測定データのばらつきをものづくりに利用する

図 I.2.3 は直径 1 mm のドリルで鋼板に穴加工したときの加工時間と加工時に発生したドリルの回転力に対する反作用力であるトルクの関係を示す測定データ例である．この波形に移動平均を適用してトルクを静的成分と動的成分に分けたものが図 I.2.4 及び図 I.2.5 である．図 I.2.4 に示す静的成分の波形は，ドリルの先端が鋼板に接触して穴加工が始まり，穴加工が終了してドリルが鋼板から抜けて空転するまでの間にドリルに発生するトルクの変動を示している．図 I.2.5 はドリル刃先の欠損，被削材組織の不均一さなど様々な要因によって偶然発生したトルクの変化と見なすことができる．これは移動平均を使ってトルクの生データをトルクの静的成分と偶然発生した動的成分に分けたと考え，

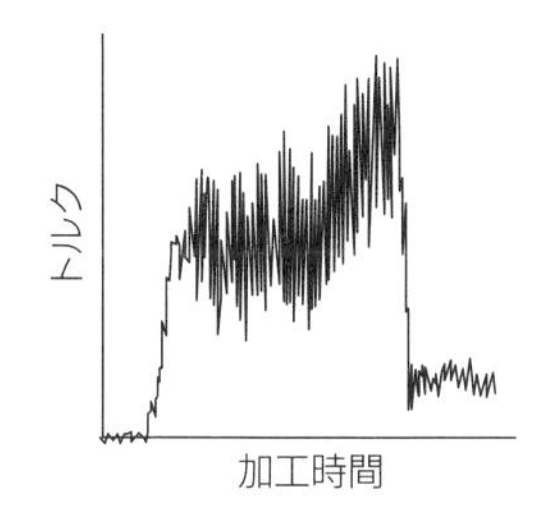


**図 I.2.3**　加工時間とトルクの関係

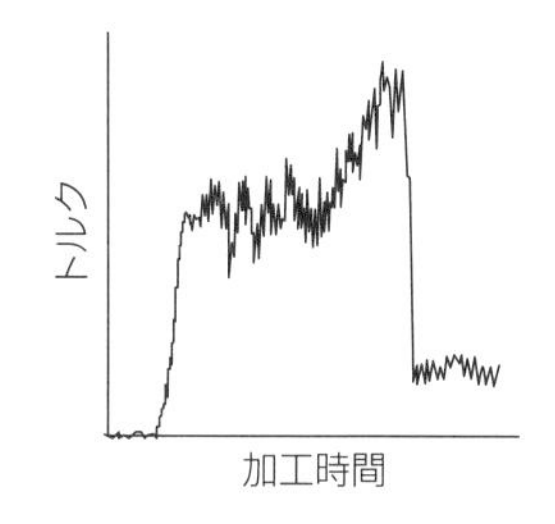


**図 I.2.4**　加工時間とトルクの静的成分の関係

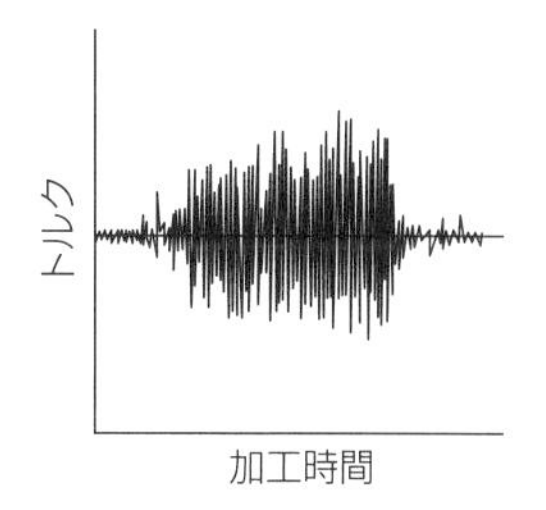


**図 I.2.5**　加工時間とトルクの動的成分の関係

これを式(I.2.2)のように表現する．式(I.2.2)の“＋”は，加えるという本来の意味ではなく，トルクの生データは，トルクの静的成分とトルクの動的成分で構成されているという意味で使っている．

**トルクの生データ＝トルクの静的成分＋トルクの動的成分**　(I.2.2)

さらにドリル加工において，加工時に発生するトルクを測定したいという意図があったことから，図 I.2.4 のようなトルクの静的成分は，実験者にとって有効な成分，図 I.2.5 のような偶然発生したトルクの動的成分は無効な成分とみなすこともできる．このことを一般化して表現すれば，式(I.2.3)のようになる．

**生データ＝有効成分＋無効成分**　(I.2.3)

ここで，**有効成分**と**無効成分**[*5] の比 $\eta$ を考える．

$$\eta = \frac{\text{有効成分}}{\text{無効成分}} \tag{I.2.4}$$

式(I.2.3)のように得られた生データの総量を有効成分と無効成分に分けることができる場合，式(I.2.4)のように有効成分と無効成分の比 $\eta$ の値で収集したデータの正確さを表現することにする．比 $\eta$ の値が大きいほどデータの正確さが大きいと言える．品質工学では比 $\eta$ のような値（**特性値**）を**変動比**

[*5] 有効成分と無効成分の比を SN 比とする考え方は，参考文献 1)，2) が詳しい．ただし，SN 比の表現方法等については，［コラム I.4］(p.83) にまとめてある．

**型 SN 比**と定義し，このSN比を使ってものづくりの過程で発生する様々な問題に対応しようとする．比 $\eta$ を具体的に定義するに当たっては，統計学の知識を利用し，生データを式(I.2.3)のような形に変換することが求められるが，生データの総量を有効成分と無効成分に分ける手段が課題となる．

**第 I.2 章の参考文献**

1) 小野元久編；基礎から学ぶ品質工学，日本規格協会，2013
2) エネルギー比型 SN 比，鶴田明三，日科技連出版社，2016

**第 I.3 章のねらい**

SN 比を計算するためには，全データを 2 乗和の分解によって有効成分と無効成分に分ける必要がある．ここでは 2 乗和の分解の方法と得られた結果の読み方に習熟することを目指す．

# I. 3　分散分析法

## 3.1　品質工学を学ぶに当たっての分散分析法の知識の必要性

ものづくりの過程において収集された様々なデータには，多くの場合，計画された目標値からの外れ，すなわちばらつきが発生する．データがばらつくことは，ものづくりに限らず，科学的実験や工学的実験を問わずあらゆるところで発生すると言っても過言ではない．中でもものづくりにおいては，データのばらつきが発生した場合，得られたデータは有効であるのか，ばらつき発生要因は何かに注目が集まる．

表 I.3.1 に製造条件である圧力の値を変えて製造したときの部品寸法を測定した結果と平均値を示す．ここで，製造条件である圧力は**要因**，圧力の値は**水準**と呼ばれている．表 I.3.1 に示すような製造時のデータを集めるということ

**表 I.3.1**　ある部品の寸法測定結果

単位　mm

|  | 1 | 2 | 3 | 4 | 5 | 6 | 7 | 8 | 9 | 平均 | 総平均 |
|---|---|---|---|---|---|---|---|---|---|---|---|
| 圧力 1 (2 Pa) | 1.58 | 1.62 | 1.55 | 1.72 | 1.50 | 1.68 | 1.73 | 1.65 | 1.60 | 1.63 | 1.72 |
| 圧力 2 (4 Pa) | 1.86 | 1.72 | 1.76 | 1.80 | 1.83 | 1.78 | 1.91 | 1.81 | 1.90 | 1.82 | − |

は，圧力の水準値と部品寸法の関係を知りたいという要求による．あるいは圧力という要因が部品寸法のばらつき発生に影響を与えるかどうか確認しようとしていると言ってもよいであろう．実際のものづくりでは，ここに示すほどことは単純ではなく，多数ある要因が複雑に関係しあっている中で，製造条件の要因が部品寸法のばらつきに影響を与えているかどうか，その影響の程度はどうかということを知りたいということであろう．

ねらいどおりの部品寸法とするために，有効な要因，すなわち設計条件や製造条件を見いだすことが求められるわけだが，統計的手法を使ってこのような要求に応えようとするならば，**分散分析法**の利用が考えられる．統計的手法によらずパラメータ設計を使うのであれば，ねらいどおりの部品寸法とするためには，まず多数ある要因をどのように組み合わせたら部品寸法のばらつきが減少するかと考える．次に部品寸法のばらつきの大きさをどのように表現すべきか考える．このようにして考え出された部品寸法のばらつきの大きさを表す特性値が**SN 比**である．この SN 比を計算する過程で分散分析法を利用することから，品質工学の知識の基礎的な要素として分散分析法についてある一定の知識を身に付けることが望ましいと考える．

## 3.2 分散分析法の導入[*1]

分散分析法は，得られたデータに含まれているデータのばらつきの大きさを求め，得られたデータが有効なものかどうか判定すると同時に使用した要因がねらいを達成するにかなうかどうか調べる手法と言えるであろう．分散分析法を学ぶに当たっては，基礎となる考え方を身に付けておくことが必要であるが，何かを学ぶときにその都度後戻りしていては先に進めないのは明らかなので，

---

[*1] 分散分析法を利用した 2 乗和の分解の方法について，本書では式の導き方などは省略している．式の導き方を示すことは大切なことであるが，このことだけに目を奪われ，式の導き方が分からないことで本来の目的としたい 2 乗和の分解の使い方がおろそかになることを懸念している．そこで実験の計画で 2 乗和の分解の方法をパターン化して示すことにした．実験の計画をパターン化することには抵抗を感じることではあるが，使えることを優先した．なお，式の導き方については参考文献 1）などを参照して欲しい．

ここであえて後戻りすることは避けることにした.

ばらつきの大きさを表す特性値であるSN比を説明するために，ばらつきの大きさを表現するときの基準から考えることにする．$n$ 個あるデータの平均値を基準として，平均値を $\overline{y}$，データを $y_i$ とすれば，平均値とデータの差である偏差は，$y_1 - \overline{y}$，$y_2 - \overline{y}$，…，$y_n - \overline{y}$ となる．ここで1個のデータの場合の元のデータは式(I.3.1)のように表せる.

$$y_i = \overline{y} + (y_i - \overline{y}) \tag{I.3.1}$$

式(I.3.1)を $n$ 個の場合に拡張し，各項の2乗を作って式(I.3.2)のように表すことができれば，式(I.3.2)の左辺は，二つの項で構成されたあるいは二つの項に分解できたと考える.

$$\sum_{i=1}^{n} y_i^2 = \sum_{i=1}^{n} \overline{y}^2 + \sum_{i=1}^{n} (y_i - \overline{y})^2 \tag{I.3.2}$$

式(I.3.2)の左辺は，収集したデータ全てを2乗して総和[*2]を求めたということで**全2乗和**とか**全変動**と呼ばれるが，これ以降は全変動と呼ぶ．全変動は記号 $S_T$ で表す．右辺の第1項目は，平均値の2乗の総和だが，式(I.3.3)のように変形して，**一般平均**，**修正項**とか**平均変動**と呼ばれるが，これ以降は平均変動と呼び記号 $S_m$ で表す.

$$\sum_{i=1}^{n} \overline{y}^2 = \frac{1}{n}\left(\sum_{i=1}^{n} y_i\right)^2 \tag{I.3.3}$$

式(I.3.2)の右辺の第2項目は，各データと平均値の差，すなわち偏差あるいは誤差であり，**誤差変動**と呼び記号 $S_e$ で表す.

以上を整理すると，式(I.3.2)は式(I.3.4)のように表し，全変動を平均変動と誤差変動に分解したという.

---

[*2] 全データの2乗和は統計学では一般に平方和と呼んでいる．品質工学では一般に変動と呼んでいるので，本書でもこれに従うことにした．全変動は平均変動と誤差変動で構成されているというように分解された量は変動を使って表現するが，何を分解したかによってその名称は異なるので，2乗和の分解の結果は分解の内容が分かるように表現した.

$$S_T = S_m + S_e \qquad \text{(I.3.4)}$$

Σの記号を使わなければ，各変動は，式(I.3.5)から式(I.3.7)のように表されるが，これ以降はΣを使わない方式で説明を進めていく．ここで式(I.3.5)から式(I.3.7)に示すような計算過程を**2乗和の分解**と呼ぶが，より複雑なケースについては，これ以降で説明する．

$$S_T = y_1^{\,2} + y_2^{\,2} + \cdots + y_n^{\,2} \qquad \text{(I.3.5)}$$

$$S_m = \frac{1}{n}(y_1 + y_2 + \cdots + y_n)^2 \qquad \text{(I.3.6)}$$

$$S_e = S_T - S_m \qquad \text{(I.3.7)}$$

全変動$S_T$は，2乗した$n$個の全データが個別に持つ情報を全て総合したものである．全データが目標値どおりにできているとすれば全データの持つ情報は，$n$個の目標値の全2乗和である．ところが何らかの要因の影響を受けて目標値がばらつけば，この目標値からの変化という情報は全2乗和の中に含まれると考える．何らかの要因の影響を受けた目標値からのばらつきは望ましくない量であるから**無効成分**であり，これが誤差分散である．無効成分以外の量は**有効成分**であり，これが平均変動である．

**【例I.3.1】**

平均値10 mmの部品を製造条件が異なるロットから5個抜き取って測定したところ，表I.3.2に示すような結果が得られた．2乗和の分解をしてみよう．表I.3.2のデータをグラフ化すると図I.3.1のように表され，製造条件が変わると部品寸法も変化することが概観できる．

データの全変動を求めて2乗和の分解を行い，製造条件の違いが特性値に与える影響を調べてみる．

**表I.3.2**　製造条件が異なる部品の寸法

単位　mm

| | | | | | |
|---|---|---|---|---|---|
| 製造条件1 | 10.02 | 10.04 | 10.07 | 10.03 | 10.05 |
| 製造条件2 | 9.98 | 9.99 | 10.01 | 9.97 | 10.01 |

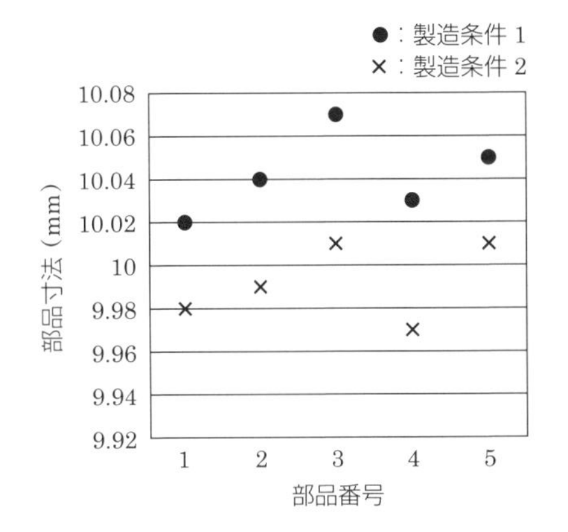


**図 I.3.1**　製造条件が異なる部品の寸法

製造条件 1 の 2 乗和の分解の計算結果は以下のとおりである.

全変動　$S_T = 10.02^2 + 10.04^2 + 10.07^2 + 10.03^2 + 10.05^2 = 504.2103$

平均変動　$S_m = \dfrac{1}{5}(10.02 + 10.04 + 10.07 + 10.03 + 10.05)^2 = 504.2088$

誤差変動　$S_e = 504.2103 - 504.2088 = 0.00148$

製造条件 2 の 2 乗和の分解の計算結果は以下のとおりである.

全変動　$S_T = 9.98^2 + 9.99^2 + 10.01^2 + 9.97^2 + 10.01^2 = 499.2016$

平均変動　$S_m = \dfrac{1}{5}(9.98 + 9.99 + 10.01 + 9.97 + 10.01)^2 = 499.20032$

誤差変動　$S_e = 499.2016 - 499.20032 = 0.00128$

2 乗和の分解の結果から，製造条件 2 の誤差変動は製造条件 1 より小さいことから，製造条件 2 で製造すれば部品の特性値はばらつきにくくなることが期待できる.

**【練習問題 I.3.1】**

全変動 $S_T$ は平均変動 $S_m$ と誤差変動 $S_e$ の和で表されることを確かめなさい. ただし，測定データは $y_i$ $(i = 1, 2, \cdots, n)$，$n$ は測定データ数とし，全変動 $S_T$，平均変動 $S_m$，誤差変動 $S_e$ は次のように表すことにする.

$$S_T = y_1^2 + y_2^2 + \cdots + y_n^2$$

$$S_m = \frac{1}{n}(y_1 + y_2 + \cdots + y_n)^2$$

$$S_e = S_T - S_m$$

## 3.3 多元配置による実験の計画

### (1) 一元配置実験

実験を行うに当たっては，一般には実験のための計画を立てることから始める．例えば，製造時間を短縮するという課題を示されたとして，この課題を解決するために製造工程の中の接着工程を見直すことにしたとすれば，実験の計画は，以下のような過程を経ることになるであろう．

**(a) 実験目的**：接着時間の短縮

もともとの課題は製造工程の時間短縮だが，この課題に対応するために接着工程の短縮で対応しようとするものである．短縮時間の目標値を明確にしておくことは言うまでもないことである．

**(b) 計測特性**：引張強度

接着条件を変えて接着するための接着時間を短縮したいため，接着時間を計測すると考えるかもしれない．しかしながら，接着条件を変えて接着時間の短縮が図れたとしても，部品がしっかり接着されているかどうかは分からない．接着技術の本来の目的が達成されているかどうか調べる特性値を計測すると考えるべきである．すなわち接着技術の本来の目的が達成できる接着条件を確保した後にその接着条件をなるべく動かさないようにして接着時間を短くするという考えである．

例えば，引張強度，引きはがし強度，ねじり強度などを考え，この中から何を計測するかを決める．計測対象は**計測特性**と呼ぶ．ここで接着時間の扱いが気になるところだが，接着時間は接着条件の一つと考えればよい．

**(c) 計測特性に影響を与える要因を決める**

引張強度を目的の値にするためには，引張強度に影響を与える要因の中から何か一つ選択する．引張強度に影響を与える**要因**とは，接着強度の維持あるいは向上に寄与する能力を持つ特性ということである．

例えば，部品を接着するために圧縮力を加えてある時間維持するのであれば，接着時間（$A$）が要因である．一般にこのような要因はたくさんあるので，**因子**という表現でくくられる．接着時間のような接着条件は設計者らが制御できる要因なので**制御因子**[*3]と呼ぶというようなことである．ここでは計測特性に影響を与える要因として接着時間一つを取り上げることにすれば，1要因の実験と表現する．

**(d) 取り上げた要因の水準を決める**

具体的な接着時間を決める．例えば，5分，10分，15分のようなもので，このような時間の値は**水準**である．接着時間を5分，10分，15分と変化させるので，接着時間は3水準であるとか接着時間を3水準に振るという言い方をすることもあるが，要因の数とまとめて1要因3水準の実験という表現をする．

**(e) 実験の繰返し数を決める**

1水準当たり何回の実験をするかということが**実験の繰返し**である．また実験は1回であるが，複数回計測を繰り返したということであれば，**測定の繰返し**である．要因の水準数と実験の繰返し数の積は実験回数であるから，ここでは9回の引張強度試験を実施するということになる．言うまでもないことだが，引張強度試験のためには試験片である部品は9個必要になる．つまり接着した部品を9個用意するということである．

**(f) 実験の実施とデータ解析**

上記の計画に従って部品を接着して引張試験を実施し，計測した引張強度をデータシートに書き込む．

以上のことを整理して表I.3.3のように表すが，この表は**一元配置**と呼ばれ，このような実験の計画を**一元配置実験**と呼んでいる．あるいは単に一元配置に割り付けるという言い方をすることもある．$A$は要因名だが一元配置なので要因は1要因である．要因$A$の下付き添え字は，要因$A$の水準を表している．

---

[*3] 制御因子については，“II. 入門編”で詳しく説明する．

**表 I.3.3** 一元配置のデータセット例

| | 1 | 2 | 3 | 部分和 |
|---|---|---|---|---|
| $A_1$ | $y_{11}$ | $y_{12}$ | $y_{13}$ | $Y_1$ |
| $A_2$ | $y_{21}$ | $y_{22}$ | $y_{23}$ | $Y_2$ |
| $A_3$ | $y_{31}$ | $y_{32}$ | $y_{33}$ | $Y_3$ |

$A$：要因（接着時間）
$y$：計測特性値（データ，引張強度）
1 行目の 1 ～ 3：実験の繰返し数
$Y$：行ごとのデータの和

1 行目は実験の繰返し数及び部分和は各行のデータの和を表している．部分和は後の 2 乗和の分解に使用する．

このようにして実験計画ができあがり，実験ということになるが，ここで取り上げなかった接着時間以外の要因は，全て水準を固定する必要がある．

このとき実験の順序を固定すると実験装置に慣れているかどうかが問題になる．すなわち実験の初めのうちは実験装置に慣れていない，実験の終わりころには実験装置に慣れてくるといういわゆる**学習効果**が発生することから，実験装置の取扱いが結果に影響を与えることが懸念される．つまり，仮に引張強度に変化があったとしても，実験結果が接着時間だけの影響なのか実験装置の慣れの効果なのか厳密には分からないということである．

このように接着時間と実験装置の慣れの両方が部品の引張強度に影響を与えているが，これを区別できない状態を接着時間と実験装置の慣れは**交絡**しているという．交絡を避けるためには，実験の順序をでたらめ，すなわちランダムに行うこともある．表 I.3.3 に示すデータセットを使って 2 乗和の分解を行うと以下のようになる．

全変動 $S_T$

$$S_T = {y_{11}}^2 + {y_{12}}^2 + \cdots + {y_{33}}^2 \tag{I.3.8}$$

平均変動 $S_m$

$$S_m = \frac{1}{3 \times 3}(y_{11} + y_{12} + \cdots + y_{33})^2 \tag{I.3.9}$$

要因 $A$ による変動 $S_A$

$$S_A = \frac{1}{3}\left(Y_1^2 + Y_2^2 + Y_3^2\right) - S_m \qquad \text{(I.3.10)}$$

誤差変動 $S_e$

$$S_e = S_T - S_m - S_A \qquad \text{(I.3.11)}$$

一元配置実験で得られたデータから実験に採用した要因の水準間に差があるかどうかが分かる[*4].

**【例 I.3.2】一元配置実験**

2 枚の試験片を接着剤で接着して引張強度を測定したところ，表 I.3.4 に示すようなデータが得られた．ここに，要因 $A$ は接着時間であり，要因 $A$ の水準は接着時間の長さの違いを表している．また表の 1 行目の数値は測定の繰返し数を表している．部分和は要因 $A$ の水準ごとの和である．

実験で得られたデータから接着時間の長さは接着強度に影響を与えているかどうか確かめてみよう．接着時間の変化が引張強度に影響を与えているかどうか調べるためには，表 I.3.4 に与えられた一元配置のデータから 2 乗和の分解をして，接着時間による変動を求め，この値と誤差変動の値と比較して判断する．

接着時間の効果による変動は誤差変動より大きいので，接着時間の長さは引張強度に影響を与えていると判断する．

**表 I.3.4**　一元配置されたデータセットの例

単位　MPa

| | 1 | 2 | 3 | 部分和 |
|---|---|---|---|---|
| $A_1$ | 2.5 | 2.4 | 2.6 | 7.5 |
| $A_2$ | 2.3 | 2.3 | 2.4 | 7.0 |
| $A_3$ | 2.1 | 2.1 | 2.3 | 6.5 |

[*4] 厳密には統計的手法の分散分析法によって精密に検討することになるが，ここでは 2 乗和の分解をした結果を簡便に利用することにとどめて置く．これ以降のケースも同様である．

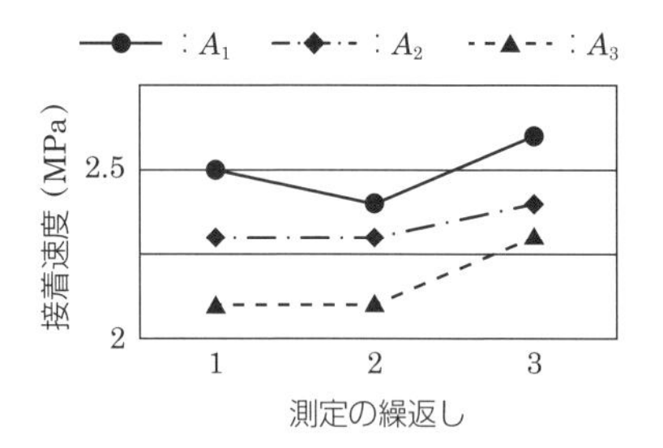


**図 I.3.2**　一元配置されたデータセット例

全変動 $S_T$

$$S_T = 2.5^2 + 2.4^2 + \cdots + 2.3^2 = 49.22$$

平均変動 $S_m$

$$S_m = \frac{1}{3\times 3}(2.5 + 2.4 + \cdots + 2.3)^2 = 49.0000$$

接着時間（$A$）による変動 $S_A$

$$S_A = \frac{1}{3}(7.5^2 + 7.0^2 + 6.5^2) - 49.0000 = 0.1667$$

誤差変動 $S_e$

$$S_e = 49.22 - 49.0000 - 0.1667 = 0.0533$$

**【練習問題 I.3.2】**

旋盤加工された部品の外径（mm）が次表のように与えられている．3 個の部品に違いがあるかどうか確かめなさい．

| | 1 | 2 | 3 | 4 | 5 |
|---|---|---|---|---|---|
| 部品 $A_1$ | 23.92 | 23.45 | 23.17 | 23.50 | 23.79 |
| 部品 $A_2$ | 23.31 | 23.83 | 23.26 | 23.26 | 23.92 |
| 部品 $A_3$ | 24.73 | 24.21 | 24.03 | 25.01 | 24.75 |

**(2)　二元配置実験**

**(a)　測定の繰返しがない場合**

一元配置実験の要因数は 1 であるが，要因数を 2 にすれば**二元配置**であり

**二元配置実験**ということになる．仮に部品を押し付ける力（$B$）を3水準設定すると二元配置に実験計画は，表I.3.5のように表される．

接着時間3水準，押付け力3水準の全てを組み合わせて引張強度を9回測定することになる．ここに要因$A$と要因$B$の組合せを**実験条件**と呼ぶこともある．表I.3.5に示すデータセットを使って2乗和の分解を行うと以下のようになる．

**表I.3.5**　二元配置のデータセット例

| | $B_1$ | $B_2$ | $B_3$ | 部分和 |
|---|---|---|---|---|
| $A_1$ | $y_{11}$ | $y_{12}$ | $y_{13}$ | $Y_{A1}$ |
| $A_2$ | $y_{21}$ | $y_{22}$ | $y_{23}$ | $Y_{A2}$ |
| $A_3$ | $y_{31}$ | $y_{32}$ | $y_{33}$ | $Y_{A3}$ |
| 部分和 | $y_{B1}$ | $y_{B2}$ | $y_{B3}$ | |

$A$：要因（接着時間）　$B$：要因（押付け力）
$y$：計測特性値（データ，引張強度）
$Y_A$：行ごとのデータの和
$Y_B$：列ごとのデータの和

全変動$S_T$

$$S_T = {y_{11}}^2 + {y_{12}}^2 + \cdots + {y_{33}}^2 \tag{I.3.12}$$

平均変動$S_m$

$$S_m = \frac{1}{3\times 3}(y_{11} + y_{12} + \cdots + y_{33})^2 \tag{I.3.13}$$

要因$A$による変動$S_A$

$$S_A = \frac{1}{3}({Y_{A1}}^2 + {Y_{A2}}^2 + {Y_{A3}}^2) - S_m \tag{I.3.14}$$

要因$B$による変動$S_B$

$$S_B = \frac{1}{3}({Y_{B1}}^2 + {Y_{B2}}^2 + {Y_{B3}}^2) - S_m \tag{I.3.15}$$

誤差変動$S_e$

$$S_e = S_T - S_m - S_A - S_B \tag{I.3.16}$$

二元配置実験で得られたデータから実験に採用した要因の水準間に差があるかどうかが分かる．

**【例 I.3.3】二元配置実験―測定の繰返しがない場合**

2 枚の試験片を接着剤で接着して引張強度を測定したところ表 I.3.6 のようなデータが得られた．ここに，要因 $A$ は接着時間，要因 $B$ は押付け力であり，要因 $A$ の水準は接着時間の長さの違い，要因 $B$ の水準は押付け力の大きさの違いを表している．部分和は要因 $A$ の水準ごとの和，要因 $B$ の水準ごとの和である．図 I.3.3 から接着時間（$A$）と押付け力（$B$）の水準値を大きくすると引張強度が大きくなることが分かる．

実験で得られたデータから接着時間（$A$）及び押付け力（$B$）が引張強度に影響を与えているかどうか確かめてみよう．

表 I.3.6 に与えられた二元配置のデータから 2 乗和の分解をして，接着時間による変動と押付け力による変動を求め，これらの値を誤差分散の値と比較して判断することにする．以下は表 I.3.6 のデータを式(I.3.12)から式(I.3.16)に従って計算した結果である．

**表 I.3.6** 二元配置のデータセット例（測定の繰返しなし）

単位 MPa

| | $B_1$ | $B_2$ | $B_3$ | 部分和 |
|---|---|---|---|---|
| $A_1$ | 2.0 | 2.2 | 2.4 | 6.6 |
| $A_2$ | 2.3 | 2.4 | 2.6 | 7.3 |
| $A_3$ | 2.6 | 2.7 | 2.8 | 8.1 |
| 部分和 | 6.9 | 7.3 | 7.8 | |

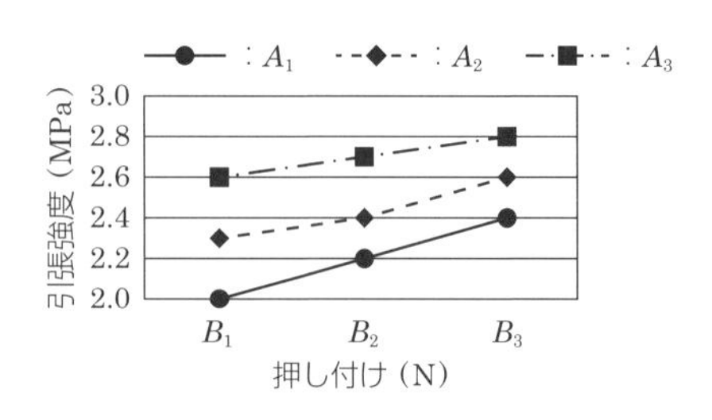


**図 I.3.3** 二元配置されたデータセット例（測定の繰返しがない場合）

全変動 $S_T$

$$S_T = 2.0^2 + 2.2^2 + \cdots + 2.7^2 + 2.8^2 = 54.30 \tag{I.3.17}$$

平均変動 $S_m$

$$S_m = \frac{1}{3\times 3}(2.0 + 2.2 + \cdots + 2.4 + 2.8)^2 = 53.7778 \tag{I.3.18}$$

接着時間（$A$）による変動 $S_A$

$$S_A = \frac{1}{3}(6.6^2 + 7.3^2 + 8.1^2) - S_m = 0.3755 \tag{I.3.19}$$

押付け力（$B$）による変動 $S_B$

$$S_B = \frac{1}{3}(6.9^2 + 7.3^2 + 7.8^2) - S_m = 0.1355 \tag{I.3.20}$$

誤差変動 $S_e$

$$S_e = 54.30 - 53.7778 - 0.3755 - 0.1355 = 0.0111 \tag{I.3.21}$$

2 乗和の分解の結果から，接着時間及び押付け力の効果による変動はいずれも誤差変動の値より大きいので，二つの要因は引張強度に影響を与えていることが分かる．また，接着時間と押付け力の効果による変動を比較すると，接着時間のほうが押付け力より大きいことから，接着時間のほうが押付け力より引張強度に与える影響が大きいことも分かる．

ここで，表 I.3.6 のデータから二つの要因の水準ごとの平均値を求めると表 I.3.7 のようになり，これを図示すると図 I.3.4 のようになる．図 I.3.4 は**要因効果図**と呼ばれている．各要因の水準値を大きくすると引張強度が大きくなることが分かる．また接着時間（$A$）と押付け力（$B$）の変化の様子（二つの折れ線のおおよその傾き）を比較すると水準値を変えると接着時間のほうがより大きく変化しているように見えるが，図 I.3.4 では接着時間($A$)と押付け力($B$)の水準間の値が異なるので，この図からだけでは接着時間のほうが押付け力より引張強度に与える影響が大きいとは言えない．

**表 I.3.7**　要因の水準ごとの引張強度の平均値

| | 第 1 水準 | 第 2 水準 | 第 3 水準 |
|---|---|---|---|
| 接着時間 $A$ | 2.2 | 2.4 | 2.7 |
| 押付け力 $B$ | 2.3 | 2.4 | 2.6 |

データの総平均値：2.4

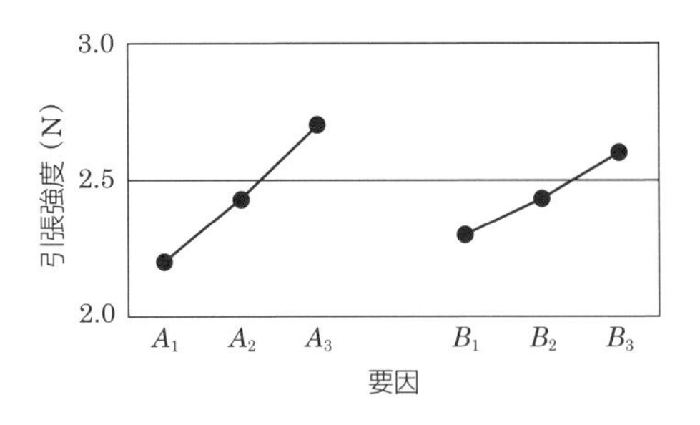


**図 I.3.4**　要因効果図

図 I.3.4 から接着時間の水準値 $A_3$，押付け力の水準値を $B_3$ の組合せで接着するときの引張強度は組合せ $A_1B_1$ のときの引張強度より大きくなることが期待できる．そこで二つの組合せのときの引張強度を次のように推定する．ここに $\overline{T}$ は得られたデータの総平均値（2.4）である．$A_3B_3$ のときの引張強度の推定値は 2.9，$A_1B_1$ のときの推定値は 2.1 である．

$\overline{A}_3\,\overline{B}_3$ のときの引張強度の推定値（$\hat{P}_1$）

$$\hat{P}_1=(2.7-\overline{T})+(2.6-\overline{T})+\overline{T}=2.9 \tag{I.3.22}$$

$\overline{A}_1\,\overline{B}_1$ のときの引張強度の推定値（$\hat{P}_2$）

$$\hat{P}_2=(2.2-\overline{T})+(2.3-\overline{T})+\overline{T}=2.1 \tag{I.3.23}$$

このようにすると接着時間と押付け力を組み合わせたときの引張強度を推定できる．

ここに示した要因の水準別平均，要因効果図，要因の水準の組合せにおける特性値の推定の仕方はパラメータ設計における最適条件の推定値を求めるときに使われる．

**(b) 測定の繰返しがある場合**

表 I.3.6 に与えられたデータセット例では測定は 1 回だけであるが，測定を繰り返すことも考えられ，そのときは例えば表 I.3.8 のようなデータセットが考えられる．表 I.3.8 に示すデータセットを使って 2 乗和の分解を行うと以下のようになる．

二元配置実験で得られたデータから実験に採用した要因の水準間に差がある

**表 I.3.8**　二元配置されたデータセット例（測定の繰返しがある場合）

| | $B_1$ | $B_2$ | $B_3$ | 部分和 |
|---|---|---|---|---|
| $A_1$ | $y_{111}$ | $y_{121}$ | $y_{131}$ | $Y_{A11}$ |
| | $y_{112}$ | $y_{122}$ | $y_{132}$ | $Y_{A12}$ |
| | $y_{113}$ | $y_{123}$ | $y_{133}$ | $Y_{A13}$ |
| 部分和 | $Y_{B11}$ | $Y_{B21}$ | $Y_{B31}$ | |
| $A_2$ | $y_{211}$ | $y_{221}$ | $y_{231}$ | $Y_{A21}$ |
| | $y_{212}$ | $y_{222}$ | $y_{232}$ | $Y_{A22}$ |
| | $y_{213}$ | $y_{223}$ | $y_{233}$ | $Y_{A23}$ |
| 部分和 | $Y_{B12}$ | $Y_{B22}$ | $Y_{B32}$ | |
| $A_3$ | $y_{311}$ | $y_{321}$ | $y_{331}$ | $Y_{A31}$ |
| | $y_{312}$ | $y_{322}$ | $y_{332}$ | $Y_{A32}$ |
| | $y_{313}$ | $y_{323}$ | $y_{333}$ | $Y_{A33}$ |
| 部分和 | $Y_{B13}$ | $Y_{B23}$ | $Y_{B33}$ | |

$A$：要因（接着時間）
$B$：要因（押付け力）
$y$：計測特性値（データ，引張強度）
$Y_A$：行ごとのデータの和
$Y_B$：列ごとのデータの和

かどうかが分かる．

全変動 $S_T$

$$S_T = y_{111}{}^2 + y_{121}{}^2 + \cdots + y_{333}{}^2 \tag{I.3.24}$$

平均変動 $S_m$

$$S_m = \frac{1}{3\times3\times3}(y_{111} + y_{121} + \cdots + y_{333})^2 \tag{I.3.25}$$

要因 $A$ による変動 $S_A$

$$S_A = \frac{1}{3\times3}[(Y_{A11} + Y_{A12} + Y_{A13})^2 + (Y_{A21} + Y_{A22} + Y_{A23})^2 + (Y_{A31} + Y_{A32} + Y_{A33})^2] - S_m \tag{I.3.26}$$

要因 $B$ による変動 $S_B$

$$S_B = \frac{1}{3\times3}[(Y_{B11} + Y_{B21} + Y_{B31})^2 + (Y_{B12} + Y_{B22} + Y_{B32})^2 + (Y_{B13} + Y_{B23} + Y_{B33})^2] - S_m \tag{I.3.27}$$

要因 $A$ と要因 $B$ の交互作用による変動 $S_{A\times B}$

$$S_{A\times B}=\frac{1}{3}\left(Y_{B11}{}^2+Y_{B21}{}^2+\cdots+Y_{B23}{}^2+Y_{B33}{}^2\right)-S_m-S_A-S_B \qquad (\mathrm{I.3.28})$$

誤差変動 $S_e$

$$S_e=S_T-S_m-S_A-S_B-S_{A\times B} \qquad (\mathrm{I.3.29})$$

ここで，要因 $A$ と要因 $B$ の**交互作用**とは要因 $A$ と要因 $B$ が相互に影響し合って特性値が変化することである．例えば図 I.3.5（a）では要因 $A$ の水準を変えたときに二つの折れ線が交わっている．このような状態にある場合，要因 $A$ と要因 $B$ との間には交互作用があるという．図 I.3.5（b）では二つの折れ線は交わっていない．このような状態の場合，要因 $A$ と要因 $B$ との間には交互作用はないという．要因 $A$ は特性値に影響を与える要因であり，交互作用に対して**主効果**と表現される．交互作用及び主効果は後述する直交表及びパラメータ設計を使用する段階で重要な役割を果たすことになる．

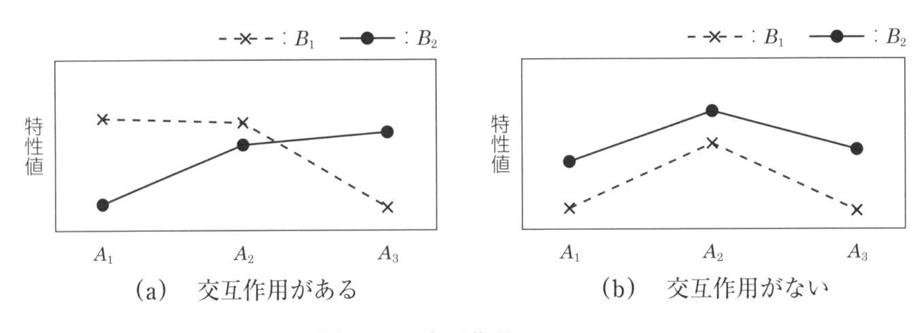

(a)　交互作用がある　　(b)　交互作用がない

**図 I.3.5**　交互作用のモデル

**【例 I.3.4】二元配置実験―測定の繰返しがある場合**

表 I.3.9 は測定の繰返しがある二元配置の例である．表 I.3.9 のデータを図示すると図 I.3.6 のようになる．図から接着時間（$A$）と押付け力（$B$）の水準値を大きくすると引張強度が大きくなることが分かる．押付け力の水準ごとに接着時間のデータが三つずつ並んでいるのは，測定の繰返しである．表 I.3.9 に示すデータセットを使って 2 乗和の分解を行うと以下のようになる．

全変動 $S_T$

$$S_T = 2.2^2 + 2.5^2 + \cdots + 2.8^2 = 164.05 \tag{I.3.30}$$

**表 I.3.9**　二元配置されたデータセット例（測定の繰返しあり）

単位　MPa

| | $B_1$ | $B_2$ | $B_3$ | 部分和 |
|---|---|---|---|---|
| $A_1$ | 2.2 | 2.5 | 2.7 | 7.4 |
| | 2.3 | 2.6 | 2.7 | 7.6 |
| | 2.1 | 2.4 | 2.6 | 7.1 |
| 部分和 | 6.6 | 7.5 | 8.0 | |
| $A_2$ | 2.1 | 2.4 | 2.6 | 7.1 |
| | 2.2 | 2.4 | 2.8 | 7.4 |
| | 2.1 | 2.5 | 2.7 | 7.3 |
| 部分和 | 6.4 | 7.3 | 8.1 | |
| $A_3$ | 2.3 | 2.4 | 2.7 | 7.4 |
| | 2.2 | 2.5 | 2.6 | 7.3 |
| | 2.3 | 2.6 | 2.8 | 7.7 |
| 部分和 | 6.8 | 7.5 | 8.1 | |

$A$：要因（接着時間）　$B$：要因（押付け力）

$Y_A$：行ごとのデータの和

$Y_B$：列ごとのデータの和

データ：引張強度

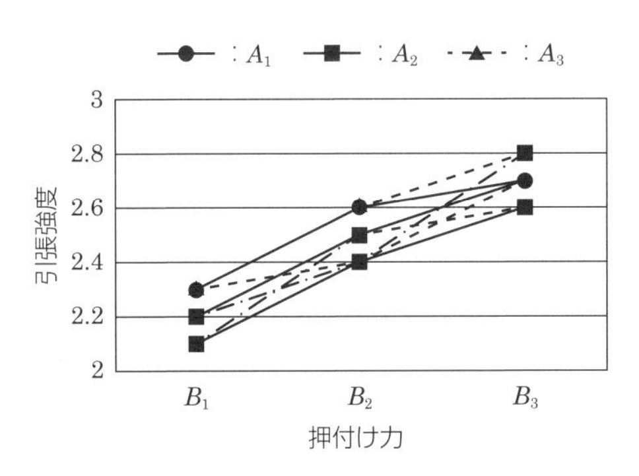


**図 I.3.6**　二元配置されたデータセット例（測定の繰返しがある場合）

平均変動 $S_m$

$$S_m = \frac{1}{3\times3\times3}(2.2+2.5+\cdots+2.8)^2 = 162.8033 \qquad \text{(I.3.31)}$$

接着時間（$A$）による変動 $S_A$

$$S_A = \frac{1}{3\times3}[(7.4+7.6+7.1)^2+(7.1+7.4+7.3)^2+(7.4+7.3+7.7)^2]-S_m$$
$$=0.0200 \qquad \text{(I.3.32)}$$

押付け力（$B$）による変動 $S_B$

$$S_B = \frac{1}{3\times3}[(6.6+7.5+8.0)^2+(6.4+7.3+8.1)^2+(6.8+7.5+8.1)^2]-S_m$$
$$=0.0200 \qquad \text{(I.3.33)}$$

接着時間（$A$）と押付け力（$B$）の交互作用による変動 $S_{A\times B}$

$$S_{A\times B} = \frac{1}{3}(6.6^2+7.5^2+\cdots+7.5^2+8.1^2)-S_m-S_A-S_B$$
$$=1.0800 \qquad \text{(I.3.34)}$$

誤差変動 $S_e$

$$S_e = S_T - S_m - S_A - S_B - S_{A\times B} = 0.1267 \qquad \text{(I.3.35)}$$

以上の2乗和の分解から，接着時間（$A$）及び押付け力（$B$）による変動，すなわち主効果はいずれも誤差変動より小さいので，それぞれの引張力に与える影響はない．接着時間（$A$）と押付け力（$B$）の交互作用による変動は，誤差変動より大きいので，接着時間（$A$）と押付け力（$B$）の交互作用が引張力に与える影響はある．しかしながら，主効果及び交互作用による変動は小さいので，引張強度に与える影響はないと言えるであろう．このことは，表I.3.10に示す要因の水準ごとの平均値及び図I.3.7に示す要因効果図にも表れている．要因 $A$ の水準が変わっても引張強度はほとんど変化していない．要因 $B$ は水準を変化させると引張強度が変化するように見えるが，水準1と水準3の差は小さいので要因効果があるとは言えないであろう．

図I.3.7から接着時間の水準値 $A_3$，押付け力の水準値を $B_3$ の組合せで接着するときの引張強度は組合せ $A_2B_1$ のときの引張強度よりごくわずかであるが大きくなることが期待できる．そこで二つの組合せのときの引張強度を次のように推定する．ここに $\overline{T}$ は与えられたデータの総平均値（2.4555）である．

**表 I.3.10**　接着時間と押付け力の水準ごとの引張力の平均値

| | 第 1 水準 | 第 2 水準 | 第 3 水準 |
|---|---|---|---|
| 接着時間 $A$ | 2.4555 | 2.4222 | 2.4888 |
| 押付け力 $B$ | 2.2000 | 2.4777 | 2.6888 |

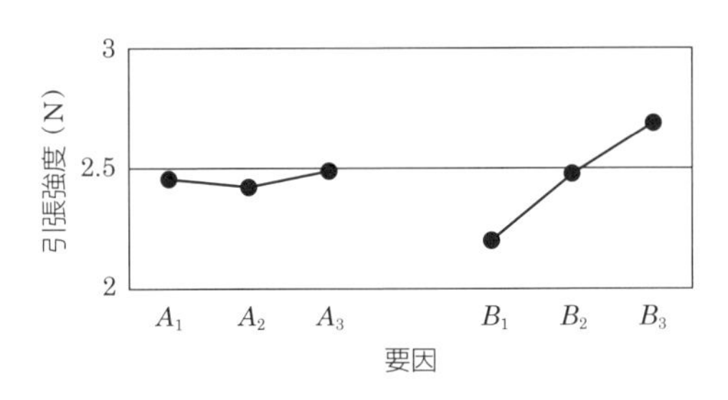


**図 I.3.7**　接着時間と押付け力の要因効果図

$\overline{A}_3\,\overline{B}_3$ のときの引張強度の推定値（$\hat{P}_1$）

$$\hat{P}_1 = (2.4888 - \overline{T}) + (2.6888 - \overline{T}) + \overline{T} = 2.7221 \qquad \text{(I.3.36)}$$

$\overline{A}_2\,\overline{B}_1$ のときの引張強度の推定値（$\hat{P}_2$）

$$\hat{P}_2 = (2.4222 - \overline{T}) + (2.2000 - \overline{T}) + \overline{T} = 2.1667 \qquad \text{(I.3.37)}$$

**【練習問題 I.3.3】**

要因 $A$ と要因 $B$ の組合せで特性値を計測する実験を行ったところ，表のような結果が得られた．要因 $A$ と要因 $B$ が特性値に影響を与えたかどうか検討しなさい．

| | $B_1$ | $B_1$ | $B_3$ |
|---|---|---|---|
| $A_1$ | 201 | 191 | 173 |
| $A_2$ | 269 | 257 | 244 |
| $A_3$ | 154 | 136 | 124 |

**(3)　多元配置実験**

三元配置以上の実験計画を**多元配置**と呼ぶ．例えば，要因 $A$，要因 $B$，要因 $C$ の 3 要因を採用するということであり，表 I.3.11 のような形になる．表 I.3.11 は 3 要因 3 水準の**多元配置実験**であるから，実験回数は要因数と水準数

**表 I.3.11**　多元配置（三元配置）のデータセット例

| | | $B_1$ | $B_2$ | $B_3$ |
|---|---|---|---|---|
| $A_1$ | $C_1$ | $y_{111}$ | $y_{121}$ | $y_{131}$ |
| | $C_2$ | $y_{112}$ | $y_{122}$ | $y_{132}$ |
| | $C_3$ | $y_{113}$ | $y_{123}$ | $y_{133}$ |
| $A_2$ | $C_1$ | $y_{211}$ | $y_{221}$ | $y_{231}$ |
| | $C_2$ | $y_{212}$ | $y_{222}$ | $y_{232}$ |
| | $C_3$ | $y_{213}$ | $y_{223}$ | $y_{233}$ |
| $A_3$ | $C_1$ | $y_{311}$ | $y_{321}$ | $y_{331}$ |
| | $C_2$ | $y_{312}$ | $y_{322}$ | $y_{332}$ |
| | $C_3$ | $y_{313}$ | $y_{323}$ | $y_{333}$ |

の掛け算であり 27 回の実験になる．多元配置実験では要因数と水準数の組合せになることから**総当たり実験**とも呼ばれている．多元配置実験では，計測特性値に対する要因 $A$，要因 $B$ 及び要因 $C$ の効果を調べることができる．また実験の繰返しあるいは測定の繰返しがあるならば，各要因同士の交互作用を調べることができる．一方，総当たり実験なので実験の負担が大きくなることに注意する必要がある．実験の負担を軽減するには後述の直交表の使用を考えるべきである．

**【練習問題 I.3.4】**

要因 $A$，要因 $B$，要因 $C$ の組合せで実験を行った結果の一部が右表である．分散分析をして実験結果を整理しなさい．

| | | $A_1$ | | $A_2$ | | $A_3$ | |
|---|---|---|---|---|---|---|---|
| $B_1$ | $C_1$ | 9.8 | 13.9 | 10.6 | 17.2 | 12.5 | 21.4 |
| | | 13.9 | 7.4 | 8.2 | 16.4 | 13.4 | 22.1 |
| | $C_2$ | 22.9 | 18.0 | 13.1 | 22.9 | 15.8 | 23.7 |
| | | 17.2 | 16.4 | 4.9 | 22.8 | 18.2 | 24.1 |
| $B_2$ | $C_1$ | 14.7 | 9.0 | 4.9 | 26.2 | 6.8 | 21.1 |
| | | 11.5 | 5.7 | 13.1 | 8.2 | 7.8 | 15.9 |
| | $C_2$ | 16.4 | 11.5 | 29.5 | 29.5 | 32.6 | 33.5 |
| | | 17.2 | 13.1 | 15.6 | 32.8 | 33.8 | 35.1 |

### 【コラム I.2】　分散分析法における平方和の分解と品質工学における 2 乗和の分解の比較

分散分析法を既に学んでいる読者は，ここまでの記述に違和感を覚えるに違いない．この違和感は，実験計画法における分散分析法と品質工学の違いによるものと考えられる．そこでこの違和感に応えることを試みる．ただし，ここでは分散分析法や品質工学の考え方・使い方について詳細にわたって説明することは避けることにする．また説明の後半に田口の SN 比及び変動比型 SN 比が登場するが，詳細は第 I.5 章に記述されている．

**(1)　分散分析法における平方和の分解**

表 I.2.c1（再掲）に示すような一元配置のデータセットを仮定する．因子 $A$ の水準が変わることによる測定データのばらつきを $A$ 間平方和 $S_A$（因子 $A$ の水準ごとの和の 2 乗和）及び同じ水準であっても何か不明な要因による測定データのばらつきを誤差平方和 $S_e$ とし，因子 $A$ の水準が変わることによる測定データのばらつきを検討する．ばらつき全体を総平方和 $S_T$ とすると，$S_T$ は $S_A$ と $S_e$ に分解できると考える．その分解の仕方は以下のようであるが，分散分析法では $S_T$，$S_A$ の中には平均値の効果（一般平均）は含まないことに注意する．

**表 I.2.c1**　一元配置のデータセット例

| | 1 | 2 | 3 | 部分和 |
|---|---|---|---|---|
| $A_1$ | $y_{11}$ | $y_{12}$ | $y_{13}$ | $Y_1$ |
| $A_2$ | $y_{21}$ | $y_{22}$ | $y_{23}$ | $Y_2$ |
| $A_3$ | $y_{31}$ | $y_{32}$ | $y_{33}$ | $Y_3$ |

一般平均（修正項）$CT$

$$CT = \frac{1}{n}\left(y_{11} + y_{12} + \cdots + y_{33}\right)^2$$

総平方和 $S_T$

$$S_T = y_{11}{}^2 + y_{12}{}^2 + \cdots + y_{13}{}^2 - CT$$

$A$ 間平方和[*5] $S_A$

$$S_A = \frac{1}{3}(y_1^2 + y_2^2 + y_3^2) - CT$$

誤差平方和 $S_e$

$$S_e = S_T - S_A$$

以上の結果は表 I.2.c2 のような分散分析表に表された情報を使って因子 $A$ の水準の違いがあるかどうかを検定する．

**表 I.2.c2**　分散分析表

| 要因 | 平方和 $S$ | 自由度 $\phi$ | 分散 $V$ | $F_0$ | $E(V)$ |
|---|---|---|---|---|---|
| $A$ | $S_A$ | 2 | $V_A = S_A/2$ | $V_A/V_e$ | $\sigma^2 + r\sigma_A^2$ |
| $e$ | $S_e$ | 6 | $V_e = S_e/6$ | | $\sigma^2$ |
| $T$ | $S_T$ | 8 | | | |

$S$：平方和　$\phi$：自由度　$V$：分散
$F_0$：$F$ 値　$E(V)$：分散の期待値　$\sigma^2$：誤差の母分散

### (2) 品質工学における 2 乗和の分解

品質工学では，全変動（$S_T$，全データの 2 乗和）を平均変動（$S_m$），因子 $A$ の効果による変動（$S_A$）及び誤差変動（$S_e$）に分解し，表 I.2.c3 のように整理する．ただし，最近は分散比と寄与率は記述しないで 2 乗和の分解表などと呼ばれている．表 I.2.c3 のように整理した結果を使って望目特性の SN 比を計算する．

**表 I.2.c3**　品質工学における分散分析表

| 要因 | 自由度 $f$ | 変動 $S$ | 分散 $V$ | 分散比 $F$ | 寄与率 $\rho$ (%) |
|---|---|---|---|---|---|
| $m$ | 1 | $S_m$ | $V_m = S_m/1$ | $V_m/V_e$ | $\rho_m$ |
| $A$ | 2 | $S_A$ | $V_A = S_A/2$ | $V_A/V_e$ | $\rho_A$ |
| $e$ | 5 | $S_e$ | $V_e = S_e/5$ | — | $\rho_e$ |
| $T$ | 8 | $S_T$ | — | | |

---

[*5] 平方和：分散分析法ではデータの 2 乗和は平方和と呼んでいる．なお，品質工学ではデータの 2 乗和は変動と呼んでいる．

田口の望目特性のSN比$\eta$の場合

$$\eta = 10 \log \frac{\frac{1}{n}(S_m - V_e)}{V_e} \tag{I.2.c1}$$

変動型SN比による望目特性のSN比$\eta$の場合

$$\eta = 10 \log \frac{S_m}{S_A + S_e} \tag{I.2.c2}$$

式(I.2.c1)では，2乗和の分解の結果から得られる変動と分散を使ってSN比を求め，式(I.2.c2)では，変動だけを使ってSN比を求めている．すなわち品質工学ではSN比を求めるために2乗和の分解というプロセスを利用していることになる．分散分析法を含む実験計画法と実験計画法から派生してきたと考えられる品質工学とでは，平方和の分解あるいは2乗和の分解によって得られる結果の利用の仕方が異なっている．以上の内容を深めるためには，参考文献2)，3) などを参照されたい．

**第I.3章の参考文献**

1)　基礎から学ぶ品質工学，小野元久編，日本規格協会，2013，p.21
2)　入門実験計画法，永田靖，日科技連出版社，2000
3)　経営工学シリーズ18 実験計画法，田口玄一他，日本規格協会，1979

**第 I.4 章のねらい**

総当たり実験になる多元配置から直交表による実験計画に展開し，直交表とは何か，直交表の種類，直交表の使い方を学ぶ．直交表はパラメータ設計を進める上で非常に重要なツールであることを認識する．

# I. 4　直　交　表

## 4.1　直交表とは

多元配置実験での実験回数が大きくなること避ける手段として直交表の利用がある．表 I.4.1 に示す直交表 $L_4$ は最も小さな直交表である．

表の 1 行目の $A$，$B$，$C$ は要因であり，2 列～4 列と 2 行～5 行でくくられた領域にある数値 1 及び 2 は各要因の水準を表している．表の 1 列目にある 1 から 4 は要因の水準の組合せ（実験条件）を表している．

3 要因 2 水準を多元配置に割り付けると総当たり実験として，8 条件の実験を行うことになる．直交表 $L_4$ を使うのであれば，3 要因 2 水準の実験を部分的に 4 条件とした実験になる．すなわち直交表 $L_4$ を使うならば実験回数は多元配置の場合の半分になる．

**表 I.4.1**　直交表 $L_4$

| | $A$ | $B$ | $C$ |
|---|---|---|---|
| 1 | 1 | 1 | 1 |
| 2 | 1 | 2 | 2 |
| 3 | 2 | 1 | 2 |
| 4 | 2 | 2 | 1 |

表I.4.1が直交表と呼ばれるわけを説明する．表I.4.1で3列の全ての組合せを考えると表I.4.2のようになる．表の1行目のカッコ内のアルファベットが要因の組合せを表している．ここで，3列の全ての組合せを作り，表に整理し，その水準の組合せに注目すると，要因$A$と要因$B$の組合せでは，要因$A$の第1水準に対して要因$B$の第1水準と第2水準がそれぞれ1回ずつ，要因$A$の第2水準に対しても要因$B$の第1水準と第2水準がそれぞれ1回ずつ，同じ数だけ組み合わされている．すなわち各列の組合せによってできる要因の水準の組合せは，全て同じ数になっている．この組合せが直交表の特徴である．

次に表I.4.1の第2水準を−1に置き換えると表I.4.3のようになるが，どの2列を組み合わせても二つの要因の水準の積和は全てゼロである．

$A$列と$B$列の積和：$1\times1+1\times(-1)+(-1)\times1+(-1)\times(-1)=0$

直交表$L_4$の各列の積和は全ての列の組合せでゼロである．このように各列の積和がゼロになっていることを各列は**直交**しているという．つまり表の全ての列の積和がゼロになるように作られた表が**直交表**である．直交表を使った実験は一部実施実験であるが，多元配置による総組合せ実験の代替とされるのは各列が直交しているからである．

**表I.4.2**　直交表の列の組合せ

| ($A$, $B$) | ($A$, $C$) | ($B$, $C$) |
|---|---|---|
| (1, 1) | (1, 1) | (1, 1) |
| (1, 2) | (1, 2) | (2, 2) |
| (2, 1) | (2, 2) | (1, 2) |
| (2, 2) | (2, 1) | (2, 1) |

**表I.4.3**　直交表$L_4$の変形

| | $A$ | $B$ | $C$ |
|---|---|---|---|
| 1 | 1 | 1 | 1 |
| 2 | 1 | −1 | −1 |
| 3 | −1 | 1 | −1 |
| 4 | −1 | −1 | 1 |

**【練習問題 I.4.1】**

3 水準の要因を四つ割り付けられる直交表 $L_9$ の場合，表 I.4.3 のようなモデルはどのように表現したらよいか．モデルを作って直交表 $L_9$ も直交していることを確かめなさい．

**【コラム I.3】 直交表の表記の仕方**

直交表の記号である $L$ は直交表を表すが，$L$ の下付き添え字は直交表の規模（実験回数）を表している．多くの場合，このような表記法によって直交表を表現するが，直交表の内容が分かるような表記法もある．直交表 $L_4$ の場合は図I.3.c1 のように表す．$L$ の下付き添え字は実験回数，カッコ内の上付き添え字で表示されている 2 は直交表が 2 水準であること，上付き添え字 3 は使用できる要因の数が 3 であることを表している．このように表記することで直交表の内容が一目で分かる．直交表に使用される要因の水準は 2 水準あるいは 3 水準であるが, 2 水準と 3 水準が組み合わされた直交表もある．図I.3.c2 は使用できる要因が 2 水準と 3 水準が組み合わされた直交表 $L_{18}$ の表記法を表している．×を使って表記されている初めのカッコ内は，2 水準の要因数が 1，次の表記が 3 水準の要因数が 7 であることを表している．

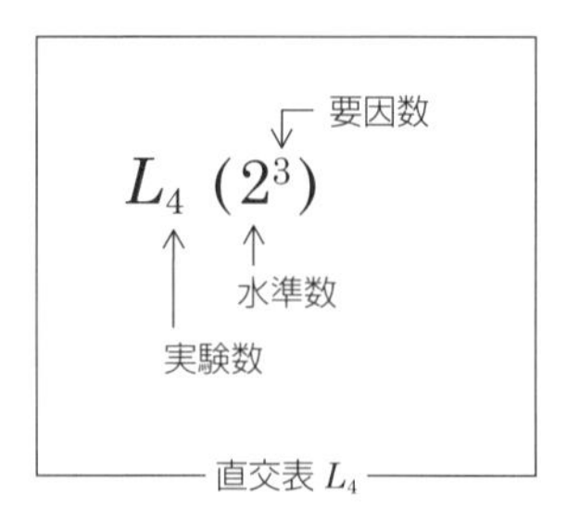


**図 I.3.c1** 直交表 $L_4$ の表記法

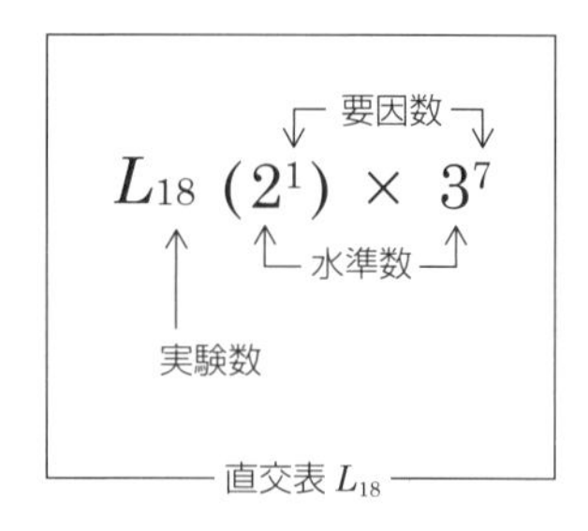


**図 I.3.c2** 直交表 $L_{18}$ の表記法

## 4.2　直交表の種類

直交表には**2 水準系直交表**，**3 水準系直交表**がある．割り付けられる水準は，2 水準系直交表（$2^n$）は 2 水準，3 水準系直交表（$3^n$）は 3 水準である．この二つの直交表に加えて**混合系直交表**[*1] と呼ばれる直交表がある．混合系直交表は交互作用が特定の列に現れず各列に均等に現れるように作られた直交表である．混合系直交表には，2 水準系，3 水準系及び 2 水準と 3 水準の組合せがあり，水準数で直交表を分類する仕方にはあたらない．

表 I.4.4 に直交表の例を示す．例にあげた直交表のうち，直交表 $L_{16}$ は実験計画法において要因間の交互作用を調べるときに使用されるが，パラメータ設計では使用されない．混合系直交法はパラメータ設計で使用されるが，中でも直交表 $L_{18}$ は強く推奨されている．

ここに示した直交表以外にも多くの直交表が作られているが，どの直交表を使うかは実験の目的，採用したい要因の数そして水準数に依存するので，その都度考えることになる．

**表 I.4.4**　直交表の例

| | 表記方法(1) | 表記方法(2) | 要因と水準 |
|---|---|---|---|
| 2 水準系直交表 | $L_{16}$ | $L_{16}(2^8)$ | 8 要因 2 水準 |
| | $L_{32}$ | $L_{32}(2^{31})$ | 31 要因 2 水準 |
| 3 水準系直交表 | $L_9$ | $L_9(3^4)$ | 4 要因 3 水準（表 I.4.5） |
| | $L_{27}$ | $L_{27}(3^{13})$ | 13 要因 3 水準 |
| 混合系直交表 | $L_{12}$ | $L_{12}(2^{11})$ | 11 要因 2 水準（表 I.4.6） |
| | $L_{18}$ | $L_{18}(2^1 \times 3^7)$ | 1 要因 2 水準 7 要因 3 水準（表 I.4.7） |

*1　混合系直交表など直交表の詳細は参考文献 1)，2) などを参照されたい．

**表 I.4.5** 直交表 $L_9$

| | $A$ | $B$ | $C$ | $D$ |
|---|---|---|---|---|
| 1 | 1 | 1 | 1 | 1 |
| 2 | 1 | 2 | 2 | 2 |
| 3 | 1 | 3 | 3 | 3 |
| 4 | 2 | 1 | 2 | 3 |
| 5 | 2 | 2 | 3 | 1 |
| 6 | 2 | 3 | 1 | 2 |
| 7 | 3 | 1 | 3 | 2 |
| 8 | 3 | 2 | 1 | 3 |
| 9 | 3 | 3 | 2 | 1 |

**表 I.4.6** 直交表 $L_{12}$

| | $A$ | $B$ | $C$ | $D$ | $E$ | $F$ | $G$ | $H$ | $I$ | $J$ | $K$ |
|---|---|---|---|---|---|---|---|---|---|---|---|
| 1 | 1 | 1 | 1 | 1 | 1 | 1 | 1 | 1 | 1 | 1 | 1 |
| 2 | 1 | 1 | 1 | 1 | 1 | 2 | 2 | 2 | 2 | 2 | 2 |
| 3 | 1 | 1 | 2 | 2 | 2 | 1 | 1 | 1 | 2 | 2 | 2 |
| 4 | 1 | 2 | 1 | 2 | 2 | 1 | 2 | 2 | 1 | 1 | 2 |
| 5 | 1 | 2 | 2 | 1 | 2 | 2 | 1 | 2 | 1 | 2 | 1 |
| 6 | 1 | 2 | 2 | 2 | 1 | 2 | 2 | 1 | 2 | 1 | 1 |
| 7 | 2 | 1 | 2 | 2 | 1 | 1 | 2 | 2 | 1 | 2 | 1 |
| 8 | 2 | 1 | 2 | 1 | 2 | 2 | 2 | 1 | 1 | 1 | 2 |
| 9 | 2 | 1 | 1 | 2 | 2 | 2 | 1 | 2 | 2 | 1 | 1 |
| 10 | 2 | 2 | 2 | 1 | 1 | 1 | 1 | 2 | 2 | 1 | 2 |
| 11 | 2 | 2 | 1 | 2 | 1 | 2 | 1 | 1 | 1 | 2 | 2 |
| 12 | 2 | 2 | 1 | 1 | 2 | 1 | 2 | 1 | 2 | 2 | 1 |

**表 I.4.7** 直交表 $L_{18}$

| | $A$ | $B$ | $C$ | $D$ | $E$ | $F$ | $G$ | $H$ |
|---|---|---|---|---|---|---|---|---|
| 1 | 1 | 1 | 1 | 1 | 1 | 1 | 1 | 1 |
| 2 | 1 | 1 | 2 | 2 | 2 | 2 | 2 | 2 |
| 3 | 1 | 1 | 3 | 3 | 3 | 3 | 3 | 3 |
| 4 | 1 | 2 | 1 | 1 | 2 | 2 | 3 | 3 |
| 5 | 1 | 2 | 2 | 2 | 3 | 3 | 1 | 1 |
| 6 | 1 | 2 | 3 | 3 | 1 | 1 | 2 | 2 |
| 7 | 1 | 3 | 1 | 2 | 1 | 3 | 2 | 3 |
| 8 | 1 | 3 | 2 | 3 | 2 | 1 | 3 | 1 |
| 9 | 1 | 3 | 3 | 1 | 3 | 2 | 1 | 2 |
| 10 | 2 | 1 | 1 | 3 | 3 | 2 | 2 | 1 |
| 11 | 2 | 1 | 2 | 1 | 1 | 3 | 3 | 2 |
| 12 | 2 | 1 | 3 | 2 | 2 | 1 | 1 | 3 |
| 13 | 2 | 2 | 1 | 2 | 3 | 1 | 3 | 2 |
| 14 | 2 | 2 | 2 | 3 | 1 | 2 | 1 | 3 |
| 15 | 2 | 2 | 3 | 1 | 2 | 3 | 2 | 1 |
| 16 | 2 | 3 | 1 | 3 | 2 | 3 | 1 | 2 |
| 17 | 2 | 3 | 2 | 1 | 3 | 1 | 2 | 3 |
| 18 | 2 | 3 | 3 | 2 | 1 | 2 | 3 | 1 |

## 4.3　直交表の使い方

### (1)　要因を直交表に割り付ける

パラメータ設計に使用することを前提に直交表の使い方を説明する．パラメータ設計において直交表を使用する場合，後に説明する設計条件や工程条件などの**制御因子**を割り付ける[*2]．

表 I.4.8 に 4 要因から構成される制御因子を表 I.4.5 (p.60) に示した直交表 $L_9$ に割り付けることにしよう．表 I.4.8 の 2 行から 5 行と 2 列から 4 列で囲まれた領域にある下付き添え字が付いたアルファベットの小文字は，要因 $A$ から要因 $D$ の水準値を表している．また表 I.4.5 の直交表の 2 行から 10 行と 2 列から 5 列で囲まれた領域にある 1 から 3 の数字は各要因の水準を表している．このことから表 I.4.8 に示した要因の水準値を表 I.4.5 の水準値に置き換えれば，4 要因 3 水準の制御因子を表 I.4.9 に示すように直交表 $L_9$ に割り付けたことになる．

直交表 $L_9$ によれば 2 行から 10 行までの 9 行が実験の条件であるので，直交表 $L_9$ を使うことで 4 要因 2 水準の制御因子を使って 9 条件の実験を実施することになる．

**表 I.4.8**　直交表 $L_9$ に割り付ける制御因子

| | 第 1 水準 | 第 2 水準 | 第 3 水準 |
|---|---|---|---|
| 要因 $A$ | $a_1$ | $a_2$ | $a_3$ |
| 要因 $B$ | $b_1$ | $b_2$ | $b_3$ |
| 要因 $C$ | $c_1$ | $c_2$ | $c_3$ |
| 要因 $D$ | $d_1$ | $d_2$ | $d_3$ |

**表 I.4.9**　制御因子を直交表 $L_9$ に割り付けた

| | $A$ | $B$ | $C$ | $D$ |
|---|---|---|---|---|
| 1 | $a_1$ | $b_1$ | $c_1$ | $d_1$ |
| 2 | $a_1$ | $b_2$ | $c_2$ | $d_2$ |
| 3 | $a_1$ | $b_3$ | $c_3$ | $d_3$ |
| 4 | $a_2$ | $b_1$ | $c_2$ | $d_3$ |
| 5 | $a_2$ | $b_2$ | $c_3$ | $d_1$ |
| 6 | $a_2$ | $b_3$ | $c_1$ | $d_2$ |
| 7 | $a_3$ | $b_1$ | $c_3$ | $d_2$ |
| 8 | $a_3$ | $b_2$ | $c_1$ | $d_3$ |
| 9 | $a_3$ | $b_3$ | $c_2$ | $d_1$ |

[*2]　要因の水準を直交表にあてはめること割り付けるという．制御因子はこれ以降も記述されているが，詳細は“II. 入門編”第 II.2 章“パラメータ設計”を参照されたい．

### (2) 要因効果を求める

直交表$L_9$による9条件の実験を実施し，表I.4.10の5列目に実験結果$y_1$，$y_2$，⋯ $y_9$が記入されたものとする．直交表$L_9$に割り付けた要因の水準を変化させたときに特性値が変化する様子を**要因効果**と呼ぶ．直交表実験による要因効果は，各要因の水準ごとの平均値とし，例えば要因$A$の場合は次のように求める．

$$\overline{A}_1 = \frac{1}{3}(y_1 + y_2 + y_3)$$

$$\overline{A}_2 = \frac{1}{3}(y_4 + y_5 + y_6)$$

$$\overline{A}_3 = \frac{1}{3}(y_7 + y_8 + y_9) \qquad \text{(I.4.1)}$$

**表I.4.10** 直交表$L_9$による実験結果のモデル

| | $A$ | $B$ | $C$ | $D$ | 特性値 |
|---|---|---|---|---|---|
| 1 | $a_1$ | $b_1$ | $c_1$ | $d_1$ | $y_1$ |
| 2 | $a_1$ | $b_2$ | $c_2$ | $d_2$ | $y_2$ |
| 3 | $a_1$ | $b_3$ | $c_3$ | $d_3$ | $y_3$ |
| 4 | $a_2$ | $b_1$ | $c_2$ | $d_3$ | $y_4$ |
| 5 | $a_2$ | $b_2$ | $c_3$ | $d_1$ | $y_5$ |
| 6 | $a_2$ | $b_3$ | $c_1$ | $d_2$ | $y_6$ |
| 7 | $a_3$ | $b_1$ | $c_3$ | $d_2$ | $y_7$ |
| 8 | $a_3$ | $b_2$ | $c_1$ | $d_3$ | $y_8$ |
| 9 | $a_3$ | $b_3$ | $c_2$ | $d_1$ | $y_9$ |

同様にして，要因$B$，要因$C$，要因$D$の水準ごとの平均値を求め，表I.4.11のように整理する．仮に表I.4.12のように具体的なデータが与えられたときの要因効果図が図I.4.1である．

図I.4.1には四つの制御因子が特性値に与える影響，すなわち要因効果が示されている．制御因子$A$，$B$，$D$は水準値を大きくすると特性値は小さくなること分かる．制御因子$C$の場合は水準値を大きくすると特性値も大きくなることが分かる．

**表 I.4.11**　直交表 $L_9$ に割り付けた制御因子の水準ごとの平均値

| | 第 1 水準 | 第 2 水準 | 第 3 水準 |
|---|---|---|---|
| 要因 $A$ | $\overline{A}_1$ | $\overline{A}_2$ | $\overline{A}_3$ |
| 要因 $B$ | $\overline{B}_1$ | $\overline{B}_2$ | $\overline{B}_3$ |
| 要因 $C$ | $\overline{C}_1$ | $\overline{C}_2$ | $\overline{C}_3$ |
| 要因 $D$ | $\overline{D}_1$ | $\overline{D}_2$ | $\overline{D}_3$ |

**表 I.4.12**　直交表 $L_9$ に割り付けられた制御因子の水準ごとの平均値の例

| | 第 1 水準 | 第 2 水準 | 第 3 水準 |
|---|---|---|---|
| 要因 $A$ | 42.41 | 41.85 | 40.45 |
| 要因 $B$ | 42.37 | 40.96 | 40.69 |
| 要因 $C$ | 40.91 | 41.23 | 41.89 |
| 要因 $D$ | 42.14 | 41.96 | 40.94 |

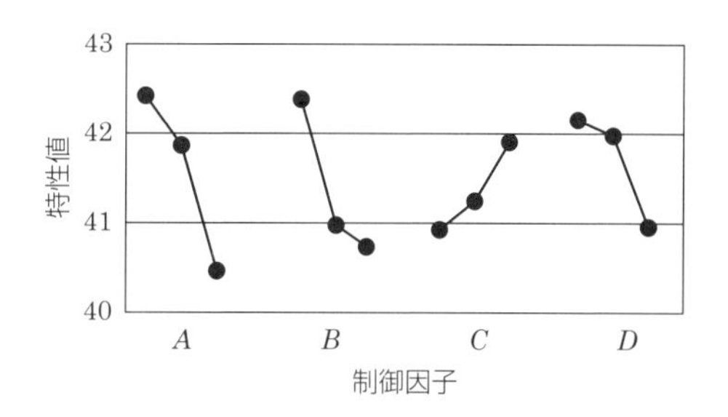


**図 I.4.1**　要因効果図（表 I.4.12 に示したデータ）

次に制御因子の水準を組み合わせてみる．例えば，$\overline{A}_1\,\overline{B}_1\,\overline{C}_3\,\overline{D}_1$ のように組み合わせると，この組合せでは特性値が大きく出現し，$\overline{A}_3\,\overline{B}_3\,\overline{C}_1\,\overline{D}_3$ のように組み合わせると特性値は小さく出現することが期待できる．そこで二つの制御因子の組合せのときの特性値を推定することにする．ここに，$\overline{T}$ は特性値の総平均（41.48）である．

制御因子の組合せが $\overline{A}_1\,\overline{B}_1\,\overline{C}_3\,\overline{D}_1$ の場合 ……（イ）

$$(\overline{A}_1-\overline{T})+(\overline{B}_1-\overline{T})+(\overline{C}_3-\overline{T})+(\overline{D}_1-\overline{T})+\overline{T}$$
$$=\overline{A}_1+\overline{B}_1+\overline{C}_3+\overline{D}_1-3\overline{T}$$
$$=42.41+42.37+41.59+42.14-3\times 41.48$$
$$=44.37$$

制御因子の組合せが$\overline{A_3}\ \overline{B_3}\ \overline{C_1}\ \overline{D_3}$の場合 ……（ロ）

$$(\overline{A}_3-\overline{T})+(\overline{B}_3-\overline{T})+(\overline{C}_1-\overline{T})+(\overline{D}_3-\overline{T})+\overline{T}$$
$$=\overline{A}_3+\overline{B}_3+\overline{C}_1+\overline{D}_3-3\overline{T}$$
$$=40.45+40.69+40.91+40.94-3\times 41.48$$
$$=38.55$$

このようにして制御因子を組み合わせたときの特性の値を推定することができる．組合せ（イ）を採用することで組合せ（ロ）より特性値は5.82（＝44.37－38.55）だけ大きく出現することが期待できる．このような方法は，後述するパラメータ設計における最適条件のときのSN比や感度の推定に使用される．

**【練習問題 I.4.2】**

表に示す制御因子を直交表$L_{18}$に割り付けなさい．

| 要因＼水準 | 1 | 2 | 3 |
|---|---|---|---|
| $A$ | 17000 | 22000 | — |
| $B$ | 0.1 | 0.2 | 0.3 |
| $C$ | 40 | 50 | 60 |
| $D$ | 1 | 2 | 3 |
| $E$ | 6000 | 8000 | 9000 |
| $F$ | 0.5 | 1 | 1.5 |
| $G$ | 6 | 8 | 10 |
| $H$ | 15 | 23 | 30 |

**【練習問題 I.4.3】**

直交表 $L_{18}$ を使った実験で表のような結果が得られた．

(1) 各要因の水準ごとの平均値を表にまとめなさい．

(2) 要因効果図を描きなさい．

(3) 特性値の値が大きくなる要因の水準の組合せを特定し，その条件のときの特性値の値を推定しなさい．

| | $A$ | $B$ | $C$ | $D$ | $E$ | $F$ | $G$ | $H$ | 特性値 |
|---|---|---|---|---|---|---|---|---|---|
| 1 | 1 | 1 | 1 | 1 | 1 | 1 | 1 | 1 | 27.39 |
| 2 | 1 | 1 | 2 | 2 | 2 | 2 | 2 | 2 | 29.34 |
| 3 | 1 | 1 | 3 | 3 | 3 | 3 | 3 | 3 | 25.84 |
| 4 | 1 | 2 | 1 | 1 | 2 | 2 | 3 | 3 | 23.77 |
| 5 | 1 | 2 | 2 | 2 | 3 | 3 | 1 | 1 | 24.11 |
| 6 | 1 | 2 | 3 | 3 | 1 | 1 | 2 | 2 | 29.54 |
| 7 | 1 | 3 | 1 | 2 | 1 | 3 | 2 | 3 | 25.56 |
| 8 | 1 | 3 | 2 | 3 | 2 | 1 | 3 | 1 | 25.65 |
| 9 | 1 | 3 | 3 | 1 | 3 | 2 | 1 | 2 | 26.31 |
| 10 | 2 | 1 | 1 | 3 | 3 | 2 | 2 | 1 | 25.55 |
| 11 | 2 | 1 | 2 | 1 | 1 | 3 | 3 | 2 | 26.03 |
| 12 | 2 | 1 | 3 | 2 | 2 | 1 | 1 | 3 | 28.21 |
| 13 | 2 | 2 | 1 | 2 | 3 | 1 | 3 | 2 | 22.64 |
| 14 | 2 | 2 | 2 | 3 | 1 | 2 | 1 | 3 | 28.79 |
| 15 | 2 | 2 | 3 | 1 | 2 | 3 | 2 | 1 | 24.35 |
| 16 | 2 | 3 | 1 | 3 | 2 | 3 | 1 | 2 | 25.05 |
| 17 | 2 | 3 | 2 | 1 | 3 | 1 | 2 | 3 | 28.30 |
| 18 | 2 | 3 | 3 | 2 | 1 | 2 | 3 | 1 | 26.71 |

**第 I.4 章の参考文献**

1)　疑問に答える実験計画法問答集，富士ゼロックス(株)QC 研究会編，日本規格協会，pp.91–93，1989

2)　ベーシックオフライン品質工学，田口玄一他，日本規格協会，pp.93–98，2007

**第 I.5 章のねらいと内容**

品質工学では，各生産工程における理想的な姿や目標値と実際の値の差，すなわちばらつきの大きさを表す特性値として SN 比を定義する．SN 比を使う場合，誤差因子の適切な使用が SN 比の有効性に大きな影響を与える．SN 比の計算に当たっては，2 乗和の分解を使用する．ここでは SN 比と誤差因子の確かな理解を目指す．

# I. 5　システムの出力のばらつきと出力の大きさ

## 5.1　システムの出力のばらつきと出力の大きさの表現方法

システムの出力のばらつき，すなわち個々のデータのばらつきを含む全データは，例えば 2 乗和の分解によって式(I.5.1)のように分解した．

$$S_T = S_m + S_e \tag{I.5.1}$$

2.4 節で述べたように，式(I.5.1)の右辺第 1 項目は平均変動 $S_m$ であり有効成分，第 2 項目は誤差変動 $S_e$ であり無効成分と呼び，有効成分と無効成分の比を変動比型 SN 比 $\eta$ と定義し，式(I.5.2)のように表した．

$$\eta = \frac{\text{有効成分}}{\text{無効成分}} = \frac{S_m}{S_e} \tag{I.5.2}$$

ここでは更に式(I.5.2)の常用対数を取って**変動比型 SN 比**を式(I.5.3)のように表す．対数をとった SN 比には [db] という単位を付ける．

$$\eta = 10 \log \frac{S_m}{S_e} \quad \text{[db]} \tag{I.5.3}$$

平均変動はシステムの出力として望ましい量であり大きいほうがよい．誤差変動は誤差発生要因の影響によってシステムの出力がばらついた結果であって望ましくない量であり小さいほうがよい．したがって SN 比はばらつきの大きさの程度を表すと同時にシステムの良さの程度を表す特性値である.

システムの出力の大きさを表す特性値の常用対数値を**感度**[*1] $S$ と呼ぶことにする. SN 比と同様に対数をとった感度にも [db] という単位を付ける. $\overline{y}$ はデータの平均値である.

$$S = 10 \log \overline{y}^2 \quad \text{[db]} \tag{I.5.4}$$

ここにあらためて式(I.5.3)で表される SN 比は変動比型 SN 比の中の**望目特性の SN 比**であり, 式(I.5.4)で表される感度は**望目特性の感度**である.

## 5.2　誤差を発生させる要因である誤差因子

計測の分野では, 安定した計測が行われるように誤差因子をできるだけ排除しようとする. ものづくりの分野でも誤差因子の存在はデータがばらつく原因になることから同様に排除しようとする. しかしながら, 誤差因子は必ずしも全て排除できるわけではない. 特にものづくりの分野ではどうしても避けられない誤差因子がある.

例えば, 使用環境要因である温度と湿度が誤差因子である場合は, ユーザの使用環境は千差万別だから温度と湿度を一定に使用して欲しいとユーザには言えないので, 使用環境条件を排除することができない.

このようなことは至るところにあることから, 品質工学では, 誤差因子を排除するという立場を取らず, 誤差因子の影響を受けてもその影響が小さくなるように測定や設計に工夫を凝らすという立場を取る. 品質工学によるものづくりの過程において行われる設計値や製造条件を決めるためには, 避けることができない使用環境条件のような要因を誤差因子として採用する. 仮に誤差因子が採用されていない実験が行われたとすれば, それは品質工学による実験ではないとさえ言われる. 誤差因子を製造段階と市場に分けて具体例を表 I.5.1 にあげてみる.

---

[*1] 感度は出力の大きさを表す量, すなわち有効成分であるから $S = \log S_m$ とすべきだが, パラメータ設計のチューニングでは $S_m$ とするより $\overline{y}^2$ としたほうが都合がよいので $\overline{y}^2$ を使うことにした.

**表 I.5.1** 誤差因子の分類と具体例

<table>
<tr><th colspan="2">誤差因子</th><th>具体例</th></tr>
<tr><td colspan="2">製造段階</td><td>使用する材料の違い，生産設備の変動，製造条件の変動，組み立てや測定器の基準の変動，輸送中において受ける環境変動，etc.</td></tr>
<tr><td rowspan="2">市場</td><td>内乱</td><td>材料物性の変化，寸法の変化，etc.</td></tr>
<tr><td>外乱</td><td>温度・湿度の変化，電源電圧の変化，振動，放射線，etc.</td></tr>
</table>

## 5.3 動特性の SN 比

データのばらつきは，単に目標値や平均値からの偏差としてきたが，さらに検討を深める．品質工学の分野では，ものづくりにおける対象である**システム**には入力と出力があり，この入力と出力との間には関数関係が成立するはずとしている．この入力と出力の関数関係を**機能**とか**基本機能**と呼んでいる．入力 $(M)$ と出力 $(y)$ の関数関係は，一般に図 I.5.1 に示すように座標原点を通る比例式 $(y=\beta M$[*2]$)$ で表す．この関数関係は**動特性**[*3] と呼ばれ，動特性に関わる SN 比を**動特性の SN 比**あるいは**ゼロ点比例の SN 比**と呼んでいる．

動特性の入出力の関係で表現されるシステムに誤差因子が作用すると，図 I.5.1 は図 I.5.2 のように変化すると考えられる．このようにシステムの入出力と誤差因子の関係は，図 I.5.3 のようなモデルで表される．図中の有効成分は，システムの本来の出力であり，無効成分は，システムが誤差因子の影響を受けた結果，すなわちデータのばらつきである．式(I.5.5)に示した有効成分と無効成分の比が SN 比 $\eta$ である．

---

*2　品質工学ではゼロ点比例式を一般に $y=\beta M$ と書き表す．ここに，$y$ はシステムの出力，$M$ はシステムへの入力だが一般に**信号**とか**信号因子**と呼ばれている．$\beta$ はゼロ点比例式の傾き，出力 $y$ は実際の実験では，測定値である．

*3　本書における動特性の SN 比は厳密に書けば変動比型の動特性の SN 比という表現になる．この表現では長いので単に動特性の SN 比と呼ぶことにする．これ以降の他の SN 比も同様に変動比型という表現は省略する．

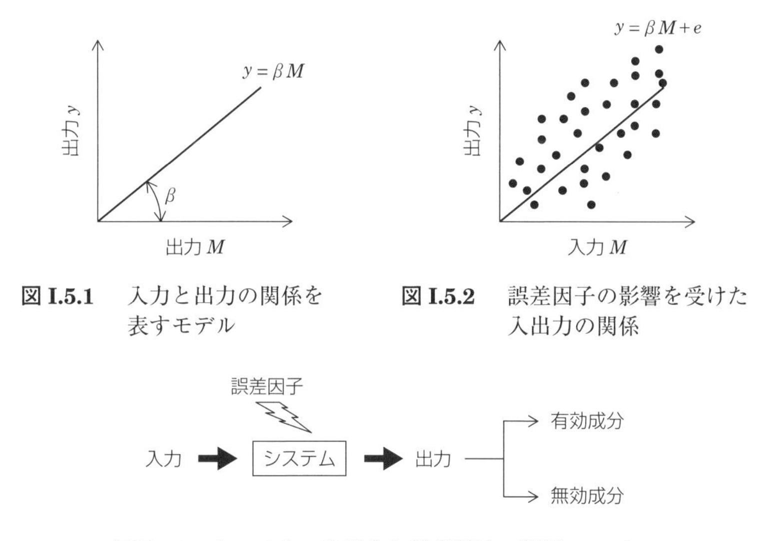


**図 I.5.1**　入力と出力の関係を表すモデル

**図 I.5.2**　誤差因子の影響を受けた入出力の関係

**図 I.5.3**　システムの入出力と誤差因子の関係のモデル

$$\eta=\frac{\text{有効成分}}{\text{無効成分}} \tag{I.5.5}$$

式(I.5.5)の分母の無効成分は誤差因子の影響の大きさであるから，動特性のSN比はデータのばらつきの大きさを表している．また分子の有効成分が無効成分と比べて大きくかつ無効成分が小さいほど大きな値となるので，動特性のSN比はばらつきの大きさを表すと同時にシステムの良さを表しているとも言える．

## 5.4　データのタイプごとに分類した動特性のSN比*4

### (1)　データがランダムにばらつく場合

入力（$M$）と出力（$y$）の関係がゼロ点比例式で表されるシステムが誤差因子の影響を受けない理想的な場合の関数表現は，

$$y=\beta M \tag{I.5.6}$$

---

*4　本節に記述された2乗和の分解等の内容は参考文献1）が詳しいので参考にして欲しい．

である.

システムが何らかの誤差因子の影響を受けたとき，式(I.5.6)を次のように表す．ここに，$\pm e$ は，誤差因子の影響を受けてデータがばらついたことを表している.

$$y=\beta M\pm e \tag{I.5.7}$$

誤差因子が特定できない場合，データはランダムにばらつくとみなす．このときの $n$ 個のデータセットを表I.5.2としよう．信号因子 $M$（入力）を $k$ 水準変化させたときの出力の測定値のイメージである．このケースの2乗和の分解は，以下のように行われる.

有効除数 $r$ [*6]

$$r=M_1^2+M_2^2+\cdots+M_k^2 \tag{I.5.8}$$

線形式 $L$ [*6]

**表 I.5.2**　ランダムに変化するデータセットの例

| 信号因子 $M$ | $M_1$ | $M_2$ | $\cdots$ | $M_k$ |
|---|---|---|---|---|
| 測定値 $y$ | $y_1$ | $y_2$ | $\cdots$ | $y_k$ |

$k$=1～$n$

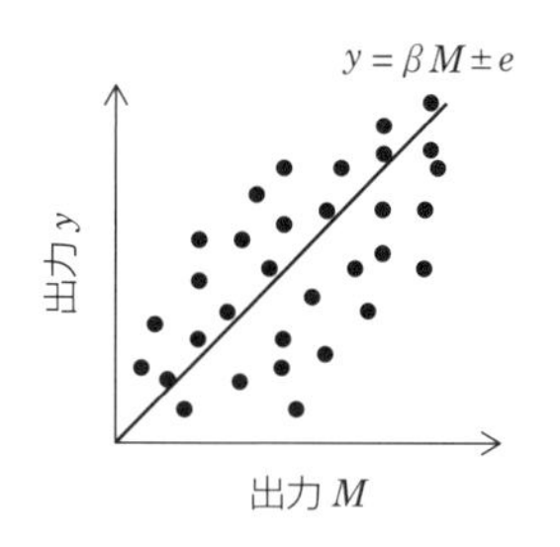


**図 I.5.4**　データがランダムに変化するデータのイメージ

[*6] 有効除数は信号因子の2乗和であり，入力の大きさ，線形式は信号因子とデータの積和であるが，いずれも $S_\beta$ を計算するための要素ということで十分である．詳しくは参考文献4）などを参考にして欲しい.

$$L = y_1M_1 + y_2M_2 + \cdots + y_kM_k \tag{I.5.9}$$

全変動 $S_T$

$$S_T = y_1^2 + y_2^2 + \cdots + y_k^2 \tag{I.5.10}$$

信号因子の効果による変動 $S_\beta$

$$S_\beta = \frac{L^2}{r} \tag{I.5.11}$$

誤差変動 $S_e$

$$S_e = S_T - S_\beta \tag{I.5.12}$$

以上の 2 乗和の分解の結果は，図 I.5.5 に示すようなイメージになる．全変動は信号の効果による変動と誤差変動で構成されているという表現である．

信号因子の効果による変動は有効な成分，誤差変動は無効な成分なので，SN 比は式(I.5.13)のように表し，これを**動特性の SN 比**（$\eta$）と呼ぶ．

$$\eta = \frac{S_\beta}{S_e} \tag{I.5.13}$$

あるいは常用対数をとって，式(I.5.14)のように表す．

$$\eta = 10 \log \frac{S_\beta}{S_e} \quad \text{[db]} \tag{I.5.14}$$

システムの出力の大きさは，図 I.5.5 に示すモデル化したデータ群の回帰直線の**傾き** $\beta$ に依存し次式で表される．

$$\beta = \frac{L}{r} \tag{I.5.15}$$

| 全変動 $S_T$ | |
|---|---|
| 信号因子の効果による変動 $S_\beta$ | 誤差変動 $S_e$ |

**図 I.5.5**　2 乗和の分解のイメージ

回帰直線の傾き $\beta$ の 2 乗の常用対数値を**感度**と呼ぶ．感度が大きいということはシステムの出力が大きいことを意味する．

$$S = 10 \log \beta^2 \ \text{[db]} \tag{I.5.16}$$

**【例 I.5.1】**

入力と出力の関係が表のように表されている．この表を使って動特性 SN 比を求める．

**表 I.5.3** モデルデータ

| 信号因子 | $M_1$ | 3 | $M_2$ | 6 | $M_3$ | 9 |
|---|---|---|---|---|---|---|
| 測定値 | 4.8 | | 6.8 | | 9.6 | |

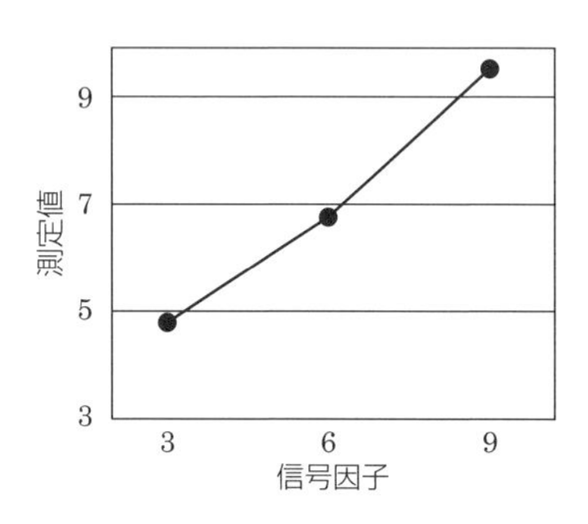


**図 I.5.6** モデルデータ

有効除数 $r$

$$r = 3^2 + 6^2 + 9^2 = 126$$

線形式 $L$

$$L = 3 \times 4.8 + 6 \times 6.8 + 9 \times 9.6 = 141.6$$

全変動 $S_T$

$$S_T = 4.8^2 + 6.8^2 + 9.6^2 = 161.44$$

信号因子の効果による変動 $S_\beta$

$$S_\beta = \frac{141.6^2}{126} = 159.1314$$

誤差変動 $S_e$

$$S_e = 161.44 - 159.1314 = 2.3086$$

動特性の SN 比 $\eta$

$$\eta = 10 \times \log \frac{159.1314}{2.3086} = 18.38 \quad [\mathrm{db}]$$

回帰直線の傾き $\beta$

$$\beta = \frac{141.6}{126} = 1.123$$

感度 $S$

$$S = 10 \times \log 1.123^2 = 1.00 \quad [\mathrm{db}]$$

### (2) 誤差因子が 1 要因で 2 水準の場合

必然誤差が発生するような誤差因子を一つ採用し，その水準を 2 水準とした場合，表 I.5.4 に示すようなデータセットを想定する．このときの入力と出力の関係は，図 I.5.7 に示すようなイメージになる．$y = \beta_1 M$ と $y = \beta_2 M$ は出

**表 I.5.4**　誤差因子が 1 要因 2 水準の場合のデータセット

| $N_i$ ＼ $M_j$ | $M_1$ | $M_2$ | $\cdots$ | $M_k$ | 線形式 |
|---|---|---|---|---|---|
| $N_1$ | $y_{11}$ | $y_{12}$ | $\cdots$ | $y_{1k}$ | $L_1$ |
| $N_2$ | $y_{21}$ | $y_{22}$ | $\cdots$ | $y_{2k}$ | $L_1$ |

$i = 1, 2$　　$j = 1, \cdots, k$

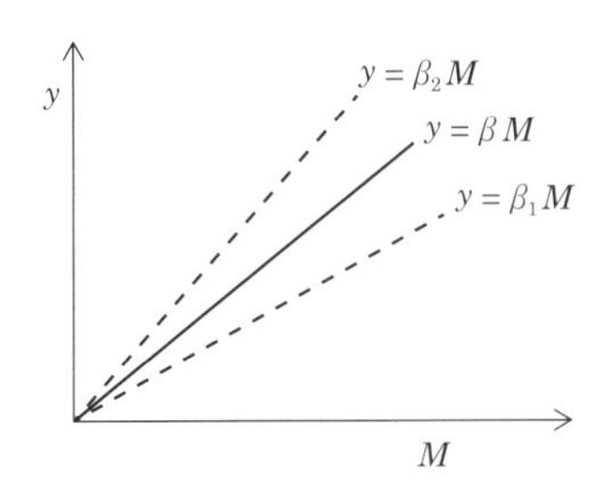


**図 I.5.7**　誤差因子が一つの動特性の入出力の関係

力値による回帰直線であり，$\beta_1$ は誤差因子 $N_1$，$\beta_2$ は誤差因子 $N_2$ の影響による結果のイメージである．

このケースの 2 乗和の分解は，以下のように行われるとともに，動特性の SN 比は式(I.5.24)のように表される．2 乗和の分解の結果は，図 I.5.8 のようなイメージである．ここで誤差因子 $N_1$ はシステムの出力への影響が大きくなるような水準値，$N_2$ はシステムの出力への影響が小さくなるような水準値である．

有効除数 $r$

$$r = M_1^2 + M_2^2 + \cdots + M_k^2 \tag{I.5.17}$$

線形式 $L$

$$L_1 = y_{11} M_1 + y_{12} M_2 + \cdots + y_{1k} M_k \tag{I.5.18}$$

$$L_2 = y_{21} M_1 + y_{22} M_2 + \cdots + y_{2k} M_k \tag{I.5.19}$$

全変動 $S_T$

$$S_T = y_{11}^2 + y_{12}^2 + \cdots + y_{2k}^2 \tag{I.5.20}$$

信号の効果による変動 $S_\beta$

$$S_\beta = \frac{(L_1 + L_2)^2}{2r} \tag{I.5.21}$$

誤差因子の影響による変動 $S_{N\times\beta}$

$$S_{N\times\beta} = \frac{L_1^2 + L_2^2}{r} - S_\beta \tag{I.5.22}$$

誤差分散 $S_e$

$$S_e = S_T - S_\beta - S_{N\times\beta} \tag{I.5.23}$$

| 全変動 $S_T$ | | |
|---|---|---|
| 信号因子の効果による変動 $S_\beta$ | 誤差因子の影響による変動 $S_{N\times\beta}$ | 誤差変動 $S_e$ |

**図 I.5.8**　誤差因子が一つで 2 水準の場合の 2 乗和の分解の結果のイメージ

動特性の SN 比 $\eta$

$$\eta = 10\log_{10}\frac{S_\beta}{S_{N\times\beta}+S_e} \qquad (\text{I}.5.24)$$

回帰直線の傾き

$$\beta = \frac{L_1+L_2}{2r} \qquad (\text{I}.5.25)$$

感度

$$S = 10\log\beta^2 \quad [\text{db}] \qquad (\text{I}.5.26)$$

**【例 I.5.2】**

入力と出力の関係が表のように表されている．この表を使って SN 比を求める．誤差因子が 1 要因 2 水準で与えられている．

**表 I.5.5**　モデルデータ

| 信号因子 | $M_1$　3 | $M_2$　6 | $M_3$　9 |
|---|---|---|---|
| $N_1$ | 4.8 | 6.8 | 9.6 |
| $N_2$ | 3.2 | 5.6 | 8.7 |

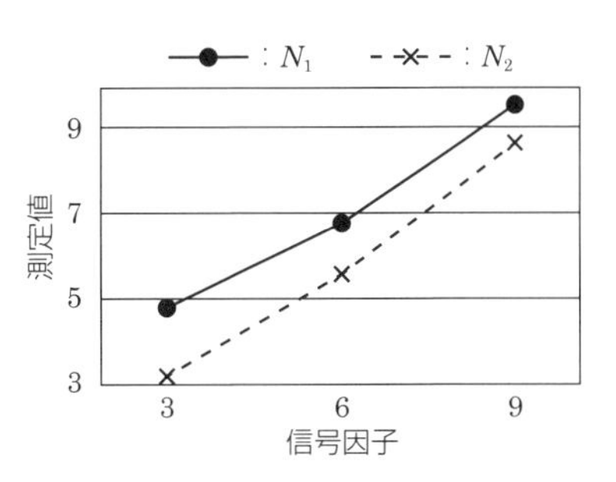


**図 I.5.9**　モデルデータ

有効除数 $r$

$$r = 3^2+6^2+9^2 = 126$$

線形式 $L$

$$L_1 = 3\times4.8+6\times6.8+9\times9.6 = 141.6$$

$$L_2 = 3\times3.2+6\times5.6+9\times8.7 = 121.5$$

全変動 $S_T$

$$S_T = 4.8^2+\cdots+8.7^2 = 278.73$$

信号因子の効果による変動 $S_\beta$

$$S_\beta = \frac{(141.6+121.5)^2}{2\times 126} = 274.6889$$

誤差因子の影響による変動 $S_{N\times\beta}$

$$S_{N\times\beta} = \frac{1}{126}(141.6^2 + 121.5^2) - 274.6889 = 1.6032$$

誤差変動 $S_e$

$$S_e = 278.73 - 274.6889 - 1.6032 = 2.4379$$

動特性の SN 比 $\eta$

$$\eta = 10\times\log\frac{274.6889}{1.6032+2.4379} = 18.32 \quad \text{[db]}$$

回帰直線の傾き $\beta$

$$\beta = \frac{(141.6+121.5)}{2\times 126} = 1.0440$$

感度 $S$

$$S = 10\times\log 1.0440^2 = 0.3740 \quad \text{[db]}$$

### (3) 誤差因子が 1 要因で多水準の場合

必然誤差が発生するような誤差因子を一つ採用し，その水準を多水準とした場合，表 I.5.6 に示すようなデータセットを想定する．このときの入力と出力の関係は，図 I.5.10 に示すようなイメージになる．

**表 I.5.6** 誤差因子が 1 要因多水準の場合のデータセット

| $N_i$ ＼ $M_j$ | $M_1$ | $M_2$ | $\cdots$ | $M_k$ | 線形式 |
|---|---|---|---|---|---|
| $N_1$ | $y_{11}$ | $y_{12}$ | $\cdots$ | $y_{1k}$ | $L_1$ |
| $N_2$ | $y_{21}$ | $y_{22}$ | $\cdots$ | $y_{2k}$ | $L_1$ |
| $\vdots$ | $\vdots$ | $\vdots$ | $\vdots$ | $\vdots$ | $\vdots$ |
| $N_n$ | $y_{n1}$ | $y_{n2}$ | $\cdots$ | $y_{nk}$ | $L_n$ |

$i = 1, \cdots, n \qquad j = 1, \cdots, k$

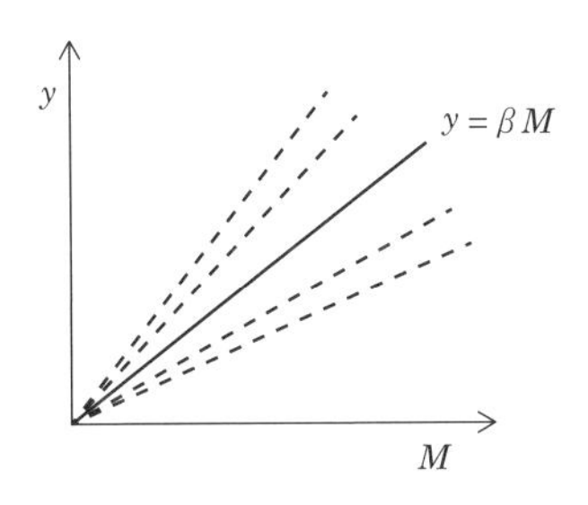


**図 I.5.10**　誤差因子が一つで多水準の動特性の入出力の関係

このケースの 2 乗和の分解は，以下のように行われるとともに，動特性の SN 比は式(I.5.33)のように表される．2 乗和の分解の結果のイメージは，誤差因子が一つで 2 水準の場合と同じである．

有効除数 $r$

$$r = M_1^2 + M_2^2 + \cdots + M_k^2 \tag{I.5.27}$$

線形式 $L$

$$L_i = y_{i1} M_1 + y_{i2} M_2 + \cdots + y_{ik} M_k \tag{I.5.28}$$

全変動 $S_T$

$$S_T = y_{11}^2 + y_{12}^2 + \cdots + y_{nk}^2 \tag{I.5.29}$$

信号の効果による変動 $S_\beta$

$$S_\beta = \frac{(L_1 + L_2 + \cdots + L_n)^2}{nr} \tag{I.5.30}$$

誤差因子の影響による変動 $S_{N\times\beta}$

$$S_{N\times\beta} = \frac{L_1^2}{r} + \frac{L_2^2}{r} + \cdots + \frac{L_n^2}{r} - S_\beta \tag{I.5.31}$$

誤差分散 $S_e$

$$S_e = S_T - S_\beta - S_{N\times\beta} \tag{I.5.32}$$

動特性の SN 比 $\eta$

$$\eta = 10 \log_{10} \frac{S_\beta}{S_{N\times\beta} + S_e} \tag{I.5.33}$$

回帰直線の傾き

$$\beta = \frac{L_i}{nkr} \tag{I.5.34}$$

感度

$$S = 10 \log \beta^2 \ \text{[db]} \tag{I.5.35}$$

**【例 I.5.3】**

秤量 150 g のレータスケールに 3 種類の分銅（20, 50, 70 g）を載せてレタースケールの読みを記録した．なお，分銅を載せる位置（誤差因子）を中央と右端にしている．このような実験を 1 回行ったところ表 I.5.7 に示すような測定結果が得られた．このデータをもとに動特性の SN 比，感度，回帰直線の傾きを計算してみる．

**表 I.5.7** 分銅の重さとレタースケールの読みの関係

分銅を載せる位置を誤差因子とした場合

| | 20 | 50 | 70 |
|---|---|---|---|
| $N_1$ 中央 | 20.0 | 49.0 | 69.4 |
| $N_2$ 右端 | 19.4 | 48.5 | 69.0 |

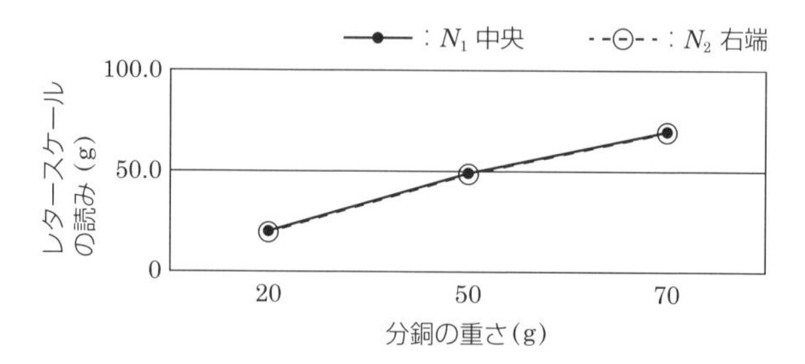


**図 I.5.11** 分銅の重さとレタースケールの読みの関係

有効除数 $r$

$$r = 20^2 + 50^2 + 70^2 = 7800$$

線形式 $L$

$$L_1 = 20 \times 20.0 + 50 \times 49.0 + 70 \times 69.4 = 7708$$

$$L_2 = 20 \times 19.4 + 50 \times 49.5 + 70 \times 69.0 = 7643$$

全変動 $S_T$

$$S_T = 20.0^2 + 49.0^2 + 69.4^2 + 19.4^2 + 48.5^2 + 69.0^2 = 15106.97$$

信号因子の効果による変動 $S_\beta$

$$S_\beta = \frac{1}{2 \times r}(L_1 + L_2)^2 = 15105.9744$$

誤差因子の影響による変動 $S_{N \times \beta}$

$$S_{N \times \beta} = \frac{1}{r}(L_1^2 + L_2^2) - S_\beta = 0.2708$$

誤差変動 $S_e$

$$S_e = S_T - S_\beta - S_{N \times \beta} = 0.7247$$

動特性の SN 比 $\eta$

$$\eta = 10 \log \frac{S_\beta}{S_{N \times \beta} + S_e} = 41.8107 \ \text{[db]}$$

回帰直線の傾き $\beta$

$$\beta = \frac{L_1 + L_2}{2 \times r} = 0.9840$$

感度 $S$

$$S = 10 \log \beta^2 = -0.140 \ \text{[db]}$$

**(4)　誤差因子が 2 要因で 2 水準の場合**

必然誤差が発生するような誤差因子を 2 要因で，その水準をそれぞれ 2 水準とした場合，表 I.5.8 に示すようなデータセットを想定する．このときの入力と出力の関係は，図 I.5.12 に示すようなイメージになる．

このケースの 2 乗和の分解は，以下のように行われるとともに，動特性の SN 比は式(I.5.46)のように表される．2 乗和の分解の結果のイメージは，誤差因子が 1 要因で 2 水準の場合と同じである．

**表 I.5.8** 誤差因子が 2 要因 2 水準の場合のデータセット

| | | $M_1$ | $M_2$ | $M_3$ | 線形式 |
|---|---|---|---|---|---|
| $N_1$ | $O_1$ | $y_{111}$ | $y_{112}$ | $y_{113}$ | $L_{11}$ |
| | $O_2$ | $y_{121}$ | $y_{122}$ | $y_{123}$ | $L_{12}$ |
| $N_2$ | $O_1$ | $y_{211}$ | $y_{212}$ | $y_{213}$ | $L_{21}$ |
| | $O_2$ | $y_{221}$ | $y_{222}$ | $y_{223}$ | $L_{22}$ |

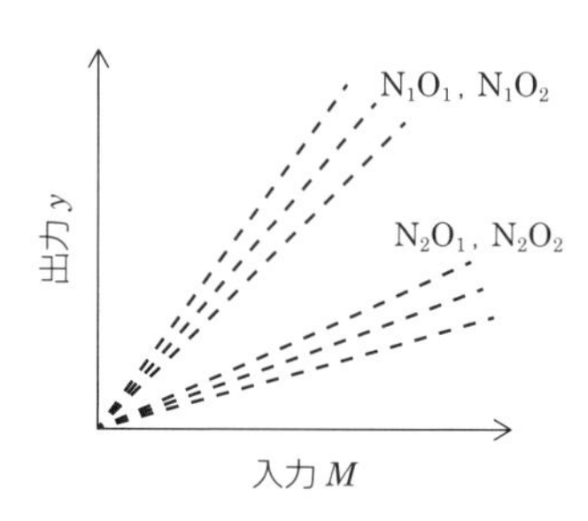


**図 I.5.12** 誤差因子は二つで 2 水準の動特性の入出力の関係

有効除数 $r$

$$r = M_1^2 + M_2^2 + M_3^2 \tag{I.5.36}$$

線形式 $L$

$$L_{11} = y_{111} M_1 + y_{112} M_2 + y_{113} M_3 \tag{I.5.37}$$

$$L_{12} = y_{121} M_1 + y_{122} M_2 + y_{123} M_3 \tag{I.5.38}$$

$$L_{21} = y_{211} M_1 + y_{212} M_2 + y_{213} M_3 \tag{I.5.39}$$

$$L_{22} = y_{221} M_1 + y_{222} M_2 + y_{223} M_3 \tag{I.5.40}$$

全変動 $S_T$

$$S_T = y_{111}^2 + y_{112}^2 + \cdots + y_{223}^2 \tag{I.5.41}$$

信号因子の効果による変動 $S_\beta$

$$S_\beta = \frac{(L_{11} + L_{12} + L_{21} + L_{22})^2}{4r} \tag{I.5.42}$$

誤差因子 $N$ の影響による変動 $S_{N\times\beta}$

$$S_{N\times\beta}=\frac{(L_{11}+L_{12})^2}{2r}+\frac{(L_{21}+L_{22})^2}{2r}-S_\beta \qquad \text{(I.5.43)}$$

誤差因子 $O$ の影響による変動 $S_{O\times\beta}$

$$S_{O\times\beta}=\frac{(L_{11}+L_{21})^2}{2r}+\frac{(L_{12}+L_{22})^2}{2r}-S_\beta \qquad \text{(I.5.44)}$$

誤差変動 $S_e$

$$S_e=S_T-S_\beta-S_{N\times\beta}-S_{O\times\beta} \qquad \text{(I.5.45)}$$

動特性の SN 比 $\eta$

$$\eta=10\log_{10}\frac{S_\beta}{S_{N\times\beta}+S_{O\times\beta}+S_e} \qquad \text{(I.5.46)}$$

回帰直線の傾き

$$\beta=\frac{L_{11}+L_{12}+L_{21}+L_{22}+L_{31}+L_{32}}{2\times2\times r} \qquad \text{(I.5.47)}$$

感度 $S$

$$S=10\log\beta^2\ \text{[db]} \qquad \text{(I.5.48)}$$

**【例 I.5.4】**

DC モータで駆動する小型ポンプの性能を調べるために，DC モータに印加する直流電圧を変えて DC モータの消費電力を計測した結果の一部が表 I.5.9 に示されている．ここに，誤差因子 $N$ はポンプを使用するときの周囲の温度，$O$ は小型ポンプが吸い上げる流体の粘性の違いである．この小型ポンプの SN 比を求める．

表 I.5.9 に示されたデータを図示すると図 I.5.13 のようになる．誤差因子の影響を受けているように見える．

表 I.5.9 のデータを使って 2 乗和の分解を行い，SN 比を求める．

**表 I.5.9** 小型ポンプの性能試験結果

単位 W･s

| 誤差因子 ＼ 供給電圧(V) | | 8 | 16 | 24 |
|---|---|---|---|---|
| $N_1$ | $O_1$ | 5.98 | 10.45 | 17.41 |
| | $O_2$ | 3.64 | 9.72 | 16.01 |
| $N_2$ | $O_1$ | 3.01 | 9.47 | 13.91 |
| | $O_2$ | 3.35 | 7.56 | 12.68 |

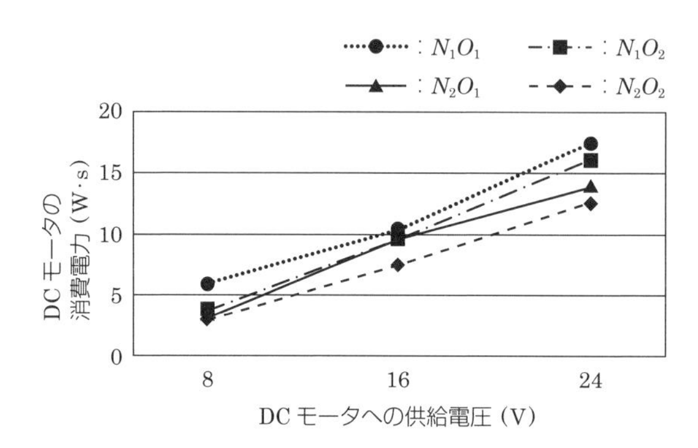


**図 I.5.13** 小型ポンプの性能試験結果

有効除数 $r$

$$r = 8^2 + 16^2 + 24^2 = 896$$

線形式 $L$

$$L_1 = 8 \times 5.98 + 16 \times 10.45 + 24 \times 17.41 = 632.88$$

$$L_2 = 8 \times 3.64 + 16 \times 9.72 + 24 \times 16.01 = 568.88$$

$$L_3 = 8 \times 3.01 + 16 \times 9.47 + 24 \times 13.91 = 509.44$$

$$L_4 = 8 \times 3.35 + 16 \times 7.56 + 24 \times 12.68 = 452.08$$

全変動 $S_T$

$$S_T = 5.98^2 + 15.45^2 + \cdots + 7.56^2 + 12.68^2 = 1333.507$$

信号因子の効果による変動 $S_\beta$

$$S_\beta = \frac{(L_1 + L_2 + L_3 + L_4)^2}{2 \times 2 \times r} = 1305.742$$

誤差因子 $N$ の影響による変動 $S_{N\times\beta}$

$$S_{N\times\beta}=\frac{(L_1+L_2)^2+(L_3+L_4)^2}{2\times r}-S_\beta=16.10359$$

誤差因子 $O$ の影響による変動 $S_{O\times\beta}$

$$S_{O\times\beta}=\frac{(L_1+L_3)^2+(L_2+L_4)^2}{2\times r}-S_\beta=4.109445$$

誤差変動 $S_e$

$$S_e=S_T-S_\beta-S_{N\times\beta}-S_{O\times\beta}=7.55138$$

動特性の SN 比 $\eta$

$$\eta=10\log\frac{S_\beta}{S_{N\times\beta}+S_{O\times\beta}+S_e}=16.723\ \text{[db]}$$

回帰直線の傾き $\beta$

$$\beta=\frac{L_1+L_2+L_3+L_4}{2\times 2\times r}=\frac{2163.28}{2\times 2\times 896}=0.604$$

感度 $S$

$$S=10\log\beta^2=-4.385\ \text{[db]}$$

**【コラム I.4】　SN 比の定義と表現方法について**

本書では SN 比を有効成分と無効成分の比と定義している．このように定義したのは，全データを望ましい情報（有効成分）と望ましくない情報（無効成分）に分け，その比をとって SN 比とすることで各データが目標や理想から離れている様子，すなわちばらつきを表現できると考えたからである．

例えば個々のデータが目標値からばらついている様子，すなわち望目特性の SN 比を表現するためには，全データから全変動 $S_T$ を求め，これを平均変動 $S_m$ と誤差変動 $S_e$ に分解した．平均変動は望ましい情報，誤差変動は望ましくない情報とし，その比を計算することで望目特性の SN 比が得られる．

平均変動 $S_m$ を有効成分，誤差変動 $S_e$ を無効成分と表現したが，このような表現方法は必ずしも一般化しているわけではない．有効成分は有用成分，無効成分は有害成分と表現しているものは少なくない．

本書ではSN比の分子は有効成分，分母は無効成分とした．分子を有効成分と表現することにはさほど議論にはならないと思うが，分母を有害成分にするか無効成分にするかは検討の余地がある．$S_e$を有害成分と表現するのは，$S_e$がユーザに害を与える成分であるからというのが理由であろう．一方，無効成分とすべきという主張は，たとえ$S_e$がユーザに害を与えることがあるとしても，分子に有効成分という表現を使うのであれば，有効という言葉の反対語は無効であることによる．有害を使うか無効を使うかは，分母に持ってくるものの意味で判断すべきという主張と言葉の表現を正しくすべきという主張の対立とも言える．本書では言葉の表現を正しくすべきという主張のもとにSN比の分子は有効成分，分母は無効成分と表現することにした．

**【コラムI.5】　田口のSN比と変動比型SN比**

動特性のSN比を例にして田口のSN比と変動型SN[1]について簡単に述べる．本書では全データを有効成分と無効成分に分解してその比を変動比型SN比[1]と定義した．このSN比は一般にエネルギー比型SN比[2),3]と呼ばれている．変動型SN比と呼ぶのはSN比が信号因子の効果による変動$S_\beta$（有効成分）と誤差因子の影響による変動$S_e$（無効成分）の比と定義したからである．一方，田口玄一氏は動特性のSN比は$\eta = \beta^2/\sigma^2$と定義して，次の式で推定するとした．

$$\eta = 10 \log \frac{1}{n \times r} \times \frac{S_\beta - V_e}{V_N} \quad \text{[db]}$$

ここに，$n$：1信号当たりのデータ数
$r$：有効除数
$S_\beta$：回帰項の変動
$V_e$：誤差分散
$V_N$：総合誤差分散

この式で動特性のSN比を計算するためには，信号因子の効果による変動

$S_\beta$と誤差分散$V_e$及び総合誤差分散$V_N$を求める必要がある．変動を求めるプロセスは変動型SN比のために行った2乗和の分解と全く同じである．同じであるというよりは変動型SN比では2乗和の分解の方法をそのまま利用したものである．分散は変動を自由度で割った値であるために自由度を求めなければいけない．

つまり田口のSN比を理解するためには，上記の推定式の他に自由度を理解している必要があるが，推定式と自由度を正しく理解するためにはより正確な統計の知識が必要である．SN比をより深く理解するためには統計の知識が不可欠となると厄介なことこの上なく，ここで息切れして脱落する初学者が多い．多くの場合，不理解のまま先に進むことになりフラストレーションをためることになってしまう．品質工学の有効性を知りながら脱落することは残念なことである．

**第I.5章の参考文献**

1)　基礎から学ぶ品質工学，小野元久編著，日本規格協会，2013
2)　エネルギー比型SN比，鶴田明三，日科技連出版社，2016
3)　これでわかった！超実践品質工学，鶴田明三，日本規格協会，2016
4)　品質工学の数理，田口玄一，日本規格協会，1999

## I. 準備編　練習問題・解答例

**【練習問題 I.3.1】**

全変動 $S_T$ は平均変動 $S_m$ と誤差変動 $S_e$ の和で表されることを確かめなさい．ただし，測定データは $y_i$（$i=1, 2, \cdots, n$），$n$ は測定データ数とし，全変動 $S_T$，平均変動 $S_m$，誤差変動 $S_e$ は次のように表すことにする．

$$S_T = {y_1}^2 + {y_2}^2 + \cdots + {y_n}^2$$

$$S_m = \frac{1}{n}(y_1 + y_2 + \cdots + y_n)^2$$

$$S_e = S_T - S_m$$

**【解答例】**

この問題では，特に統計の知識は必要としない．数学の一般的な式の展開だけである．

データの全2乗和は，平均変動と誤差変動に分けられることを確かめる．

測定データの平均を $\overline{y}$ とすれば，任意の測定データ $S_e$ は，次のように表せる．

$$\begin{aligned}S_e &= (y_1 - \overline{y})^2 + (y_2 - \overline{y})^2 + \cdots + (y_n - \overline{y})^2 \\ &= ({y_1}^2 + {y_2}^2 + \cdots + {y_n}^2) - 2n\overline{y}(y_1 + y_2 + \cdots + y_n) + n\overline{y}^2 \\ &= ({y_1}^2 + {y_2}^2 + \cdots + {y_n}^2) - n\overline{y}^2 \\ &= {y_1}^2 + {y_2}^2 + \cdots + {y_n}^2 - \frac{1}{n}(y_1 + y_2 + \cdots + y_n) \\ &= S_T - S_m\end{aligned}$$

**【練習問題 I.3.2】**

旋盤加工された部品の外径（mm）が次表のように与えられている．3個の部品に違いがあるかどうか確かめなさい．

| | 1 | 2 | 3 | 4 | 5 |
|---|---|---|---|---|---|
| 部品 $A_1$ | 23.92 | 23.45 | 23.17 | 23.50 | 23.79 |
| 部品 $A_2$ | 23.31 | 23.83 | 23.26 | 23.26 | 23.92 |
| 部品 $A_3$ | 24.73 | 24.21 | 24.03 | 25.01 | 24.75 |

**【解答例】**

$$S_T = 23.92^2 + 23.45^2 + \cdots + 25.01^2 + 24.75^2 = 8555.779$$

$$S_m = \frac{1}{3\times5}(23.92 + 23.45 + \cdots + 25.01 + 24.75)^2 = 8550.951$$

$$S_A = \frac{1}{5}[(23.92 + \cdots + 23.79)^2 + (23.31 + \cdots + 23.92)^2 + (24.73 + \cdots + 24.75)^2] - 8550.951$$

$$= 3.373$$

$$S_e = 8555.779 - (8550.951 + 3.373) = 1.45536$$

$S_A > S_e$ なので部品に違いがありそうだ.

**【練習問題 I.3.3】**

要因 $A$ と要因 $B$ の組合せで特性値を計測する実験を行ったところ，表のような結果が得られた．要因 $A$ と要因 $B$ が特性値に影響を与えたかどうか検討しなさい.

| | $B_1$ | $B_2$ | $B_3$ |
|---|---|---|---|
| $A_1$ | 201 | 191 | 173 |
| $A_2$ | 269 | 257 | 244 |
| $A_3$ | 154 | 136 | 124 |

**【解答例】**

$$S_T = 201^2 + \cdots + 124^2 = 362345$$

$$S_m = \frac{1}{3\times3}(201 + \cdots + 124)^2 = 339889$$

$$S_A = \frac{1}{3}[(201 + 191 + 173)^2 + (269 + 257 + 244)^2 + (154 + 136 + 124)^2] - 339889$$

$$= 21284.67$$

$$S_B = \frac{1}{3}[(201 + 269 + 154)^2 + (191 + 257 + 136)^2 + (173 + 244 + 124)^2] - 339889$$

$$= 1148.667$$

$$S_e = 362345 - (339889 + 21284.67 + 1148.667) = 22.66667$$

$S_A$，$S_B$ ともに $S_e$ より大きいので要因 $A$，要因 $B$ ともに特性値に与える影響がある．要因効果図から要因 $A$ と要因 $B$ との間には交互作用がありそうだが，現状のデータからはこれ以上のことは言えない.

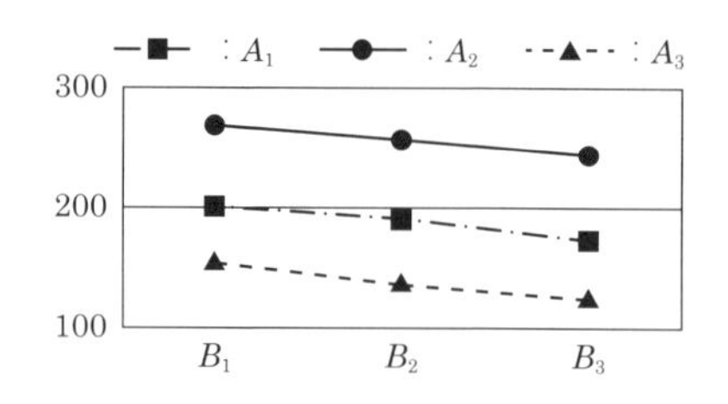


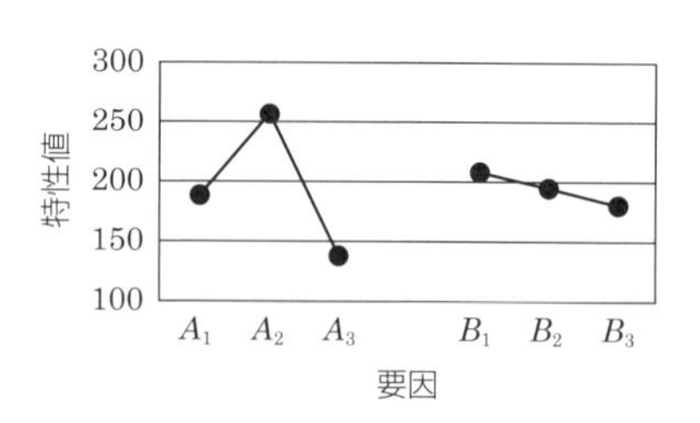


**【練習問題 I.3.4】**

要因 $A$, 要因 $B$, 要因 $C$ の組合せで実験を行った結果の一部が下表である. 分散分析をして実験結果を整理しなさい.

| | | $A_1$ | | $A_2$ | | $A_3$ | |
|---|---|---|---|---|---|---|---|
| $B_1$ | $C_1$ | 9.8 | 13.9 | 10.6 | 17.2 | 12.5 | 21.4 |
| | | 13.9 | 7.4 | 8.2 | 16.4 | 13.4 | 22.1 |
| | $C_2$ | 22.9 | 18.0 | 13.1 | 22.9 | 15.8 | 23.7 |
| | | 17.2 | 16.4 | 4.9 | 22.8 | 18.2 | 24.1 |
| $B_2$ | $C_1$ | 14.7 | 9.0 | 4.9 | 26.2 | 6.8 | 21.1 |
| | | 11.5 | 5.7 | 13.1 | 8.2 | 7.8 | 15.9 |
| | $C_2$ | 16.4 | 11.5 | 29.5 | 29.5 | 32.6 | 33.5 |
| | | 17.2 | 13.1 | 15.6 | 32.8 | 33.8 | 35.1 |

**【解答例】**

(1) $S_T = S_m + S_A + S_B + S_{A\times B} + S_{A\times C} + S_{B\times C} + S_e$ のように分解する.

右辺の 2, 3, 4 項が主効果による変動, 5, 6, 7 項が 3 要因間の交互作用による変動である.

2 乗和の分解

$$S_T = 9.8^2 + 13.9^2 + \cdots + 33.8^2 + 35.1^2 = 17644.31$$

$$S_m = \frac{1}{(3\times2)\times2\times(2\times2)}(9.8 + 13.9 + \cdots + 33.8 + 35.1)^2 = 14431.74$$

$$S_A=\frac{1}{2\times2\times(2\times2)}[(9.8+13.9+\cdots+17.2+13.1)^2+(10.6+17.2+\cdots$$

$$+15.6+32.8)^2+(12.5+21.4+\cdots+33.8+35.1)^2]-14431.74$$

$$=444.2404$$

$$S_B=\frac{1}{(3\times2)\times(2\times2)}[(9.8+13.9+\cdots+18.2+24.1)^2+(14.7+9.0+\cdots$$

$$+33.8+35.1)^2]-14431.74$$

$$=71.78521$$

$$S_C=\frac{1}{(3\times2)\times(2\times2)}[(9.8+13.9+\cdots+13.4+22.1)+(14.7+9.0+\cdots$$

$$+7.8+15.9)]^2+[(22.9+18.0+\cdots+18.2+24.1)+(16.4+11.5$$

$$+\cdots+33.8+35.1)]^2-14431.74$$

$$=909.1502$$

$$S_{A\times B}=\frac{1}{(2\times2)\times2}(119.5^2+116.1^2+\cdots+186.6^2)-14431.74-444.2404$$

$$-71.78521$$

$$=151.9029$$

$$S_{A\times C}=\frac{1}{(2\times2)\times2}(85.9^2+104.8^2+\cdots+216.8^2)-14431.74-444.2404$$

$$-909.1502$$

$$=76.07292$$

$$S_{B\times C}=\frac{1}{(3\times2)\times2}(166.8^2+144.9^2+220.0^2+300.6^2)-14431.74-71.78521$$

$$-909.1502$$

$$=218.8802$$

$$S_e=17644.31-(14431.74+444.2404+71.78521+909.1502+$$

$$151.9029+76.07292+218.8802)$$

$$=1340.543$$

2 乗和の分解の結果を整理すると表のようになる.

| $S_T$ | $S_m$ | $S_A$ | $S_B$ | $S_C$ |
|---|---|---|---|---|
| 17644.31 | 14431.74 | 444.2404 | 71.78521 | 909.1502 |

| $S_{A\times B}$ | $S_{A\times C}$ | $S_{B\times C}$ | $S_e$ |
|---|---|---|---|
| 151.9029 | 76.07292 | 218.8802 | 1340.543 |

2 乗和の分解の結果から主効果である $S_A$, $S_B$, $S_C$ とも誤差変動より小さい. 交互作用である $S_{A\times B}$, $S_{A\times C}$, $S_{B\times C}$ も誤差変動よりも小さい. したがって, 3 要因が特性値に与える影響は小さいであろう.

要因効果図から要因 $A$ の効果は小さいが, 水準を変えることによって特性値が直線的に変化するようである.

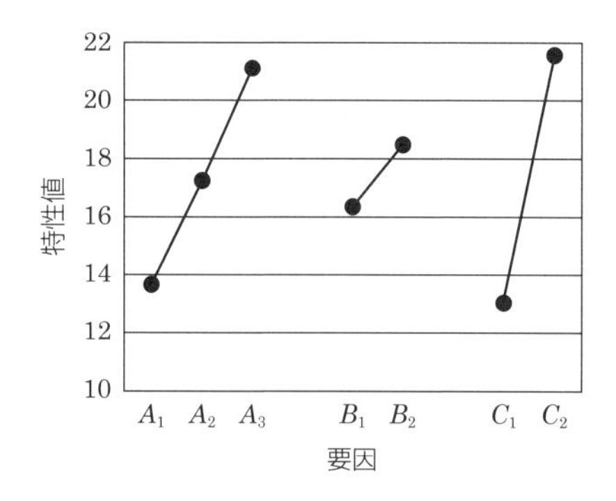


**【練習問題 I.4.1】**

3 水準の要因を四つ割り付けられる直交表 $L_9$ の場合, 表 I.4.3 のようなモデルはどのように表現したらよいか. モデルを作って直交表 $L_9$ も直交していることを確かめなさい.

**【解答例】**

第 1 水準を −1, 第 2 水準を 0, 第 3 水準を 1 と置き換え, 各列の組合せの積和がゼロになっていることを確かめればよい. 列の組合せの積和を計算するには, Excel®の SUMPRODUCT 関数を使えばよい.

直交表 $L_9$

|  | $A$ | $B$ | $C$ | $D$ |
|---|---|---|---|---|
| 1 | 1 | 1 | 1 | 1 |
| 2 | 1 | 2 | 2 | 2 |
| 3 | 1 | 3 | 3 | 3 |
| 4 | 2 | 1 | 2 | 3 |
| 5 | 2 | 2 | 3 | 1 |
| 6 | 2 | 3 | 1 | 2 |
| 7 | 3 | 1 | 3 | 2 |
| 8 | 3 | 2 | 1 | 3 |
| 9 | 3 | 3 | 2 | 1 |

水準を置き換えた直交表 $L_9$

|  | $A$ | $B$ | $C$ | $D$ |
|---|---|---|---|---|
| 1 | −1 | −1 | −1 | −1 |
| 2 | −1 | 0 | 0 | 0 |
| 3 | −1 | 1 | 1 | 1 |
| 4 | 0 | −1 | 0 | 1 |
| 5 | 0 | 0 | 1 | −1 |
| 6 | 0 | 1 | −1 | 0 |
| 7 | 1 | −1 | 1 | 0 |
| 8 | 1 | 0 | −1 | 1 |
| 9 | 1 | 1 | 0 | −1 |

$(A,B)=0$, $(A,C)=0$, $(A,D)=0$, $(B,C)=0$, $(C,D)=0$

**【練習問題 I.4.2】**

表に示す制御因子を直交表 $L_{18}$ に割り付けなさい.

| 要因＼水準 | 1 | 2 | 3 |
|---|---|---|---|
| $A$ | 17000 | 22000 | — |
| $B$ | 0.1 | 0.2 | 0.3 |
| $C$ | 40 | 50 | 60 |
| $D$ | 1 | 2 | 3 |
| $E$ | 6000 | 8000 | 9000 |
| $F$ | 0.5 | 1 | 1.5 |
| $G$ | 6 | 8 | 10 |
| $H$ | 15 | 23 | 30 |

**【解答例】**

| 要因 | $A$ | $B$ | $C$ | $D$ | $E$ | $F$ | $G$ | $H$ |
|---|---|---|---|---|---|---|---|---|
| 列番 / 実験 No. | 1 | 2 | 3 | 4 | 5 | 6 | 7 | 8 |
| 1 | 17000 | 0.1 | 40 | 1 | 6000 | 0.5 | 6 | 15 |
| 2 | 17000 | 0.1 | 50 | 2 | 8000 | 1 | 8 | 23 |
| 3 | 17000 | 0.1 | 60 | 3 | 9000 | 1.5 | 10 | 30 |
| 4 | 17000 | 0.2 | 40 | 1 | 8000 | 1 | 10 | 30 |
| 5 | 17000 | 0.2 | 50 | 2 | 9000 | 1.5 | 6 | 15 |
| 6 | 17000 | 0.2 | 60 | 3 | 6000 | 0.5 | 8 | 23 |
| 7 | 17000 | 0.3 | 40 | 2 | 6000 | 1.5 | 8 | 30 |
| 8 | 17000 | 0.3 | 50 | 3 | 8000 | 0.5 | 10 | 15 |
| 9 | 17000 | 0.3 | 60 | 1 | 9000 | 1 | 6 | 23 |
| 10 | 22000 | 0.1 | 40 | 3 | 9000 | 1 | 8 | 15 |
| 11 | 22000 | 0.1 | 50 | 1 | 6000 | 1.5 | 10 | 23 |
| 12 | 22000 | 0.1 | 60 | 2 | 8000 | 0.5 | 6 | 30 |
| 13 | 22000 | 0.2 | 40 | 2 | 9000 | 0.5 | 10 | 23 |
| 14 | 22000 | 0.2 | 50 | 3 | 6000 | 1 | 6 | 30 |
| 15 | 22000 | 0.2 | 60 | 1 | 8000 | 1.5 | 8 | 15 |
| 16 | 22000 | 0.3 | 40 | 3 | 8000 | 1.5 | 6 | 23 |
| 17 | 22000 | 0.3 | 50 | 1 | 9000 | 0.5 | 8 | 30 |
| 18 | 22000 | 0.3 | 60 | 2 | 6000 | 1 | 10 | 15 |

**【練習問題 I.4.3】**

直交表 $L_{18}$ を使った実験で表のような結果が得られた.

(1) 各要因の水準ごとの平均値を表にまとめなさい.

(2) 要因効果図を描きなさい.

(3) 特性値の値が大きくなる要因の水準の組合せを特定し，その条件のときの特性値の値を推定しなさい.

| | $A$ | $B$ | $C$ | $D$ | $E$ | $F$ | $G$ | $H$ | 特性値 |
|---|---|---|---|---|---|---|---|---|---|
| 1 | 1 | 1 | 1 | 1 | 1 | 1 | 1 | 1 | 27.39 |
| 2 | 1 | 1 | 2 | 2 | 2 | 2 | 2 | 2 | 29.34 |
| 3 | 1 | 1 | 3 | 3 | 3 | 3 | 3 | 3 | 25.84 |
| 4 | 1 | 2 | 1 | 1 | 2 | 2 | 3 | 3 | 23.77 |
| 5 | 1 | 2 | 2 | 2 | 3 | 3 | 1 | 1 | 24.11 |
| 6 | 1 | 2 | 3 | 3 | 1 | 1 | 2 | 2 | 29.54 |
| 7 | 1 | 3 | 1 | 2 | 1 | 3 | 2 | 3 | 25.56 |
| 8 | 1 | 3 | 2 | 3 | 2 | 1 | 3 | 1 | 25.65 |
| 9 | 1 | 3 | 3 | 1 | 3 | 2 | 1 | 2 | 26.31 |
| 10 | 2 | 1 | 1 | 3 | 3 | 2 | 2 | 1 | 25.55 |
| 11 | 2 | 1 | 2 | 1 | 1 | 3 | 3 | 2 | 26.03 |
| 12 | 2 | 1 | 3 | 2 | 2 | 1 | 1 | 3 | 28.21 |
| 13 | 2 | 2 | 1 | 2 | 3 | 1 | 3 | 2 | 22.64 |
| 14 | 2 | 2 | 2 | 3 | 1 | 2 | 1 | 3 | 28.79 |
| 15 | 2 | 2 | 3 | 1 | 2 | 3 | 2 | 1 | 24.35 |
| 16 | 2 | 3 | 1 | 3 | 2 | 3 | 1 | 2 | 25.05 |
| 17 | 2 | 3 | 2 | 1 | 3 | 1 | 2 | 3 | 28.30 |
| 18 | 2 | 3 | 3 | 2 | 1 | 2 | 3 | 1 | 26.71 |

**【解答例】**

(1)

| | 第 1 水準 | 第 2 水準 | 第 3 水準 |
|---|---|---|---|
| $A$ | 26.39 | 26.18 | — |
| $B$ | 27.06 | 25.53 | 26.26 |
| $C$ | 24.99 | 27.04 | 26.83 |
| $D$ | 26.03 | 26.10 | 26.74 |
| $E$ | 27.34 | 26.06 | 25.46 |
| $F$ | 26.96 | 26.75 | 25.16 |
| $G$ | 26.64 | 27.11 | 25.11 |
| $H$ | 25.63 | 26.49 | 26.75 |

(2)

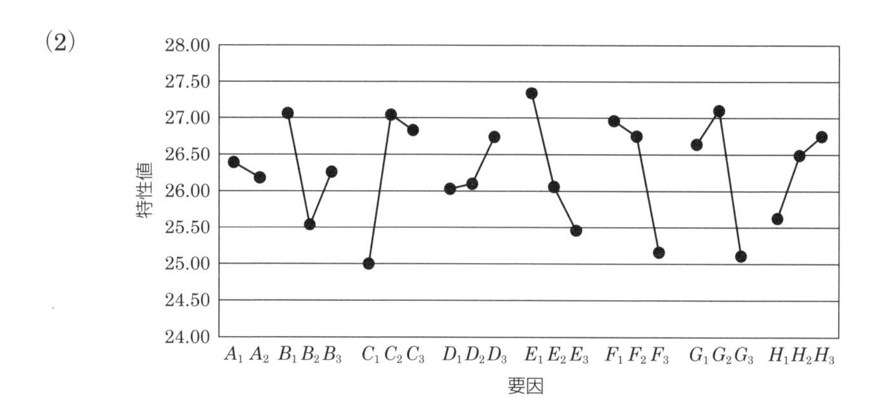


(3)

$A_1B_1C_2D_3E_1F_1G_2H_3$

推定値：$26.39+27.06+27.04+26.74+27.34+26.96+27.11+26.75-7\times 26.29$

$=31.36$

# Ⅱ. 入 門 編

“入門編”では“準備編”で示した内容を基礎にして品質工学の機能性評価とパラメータ設計の基本を学ぶ．“入門編”で学ぶ機能性評価とパラメータ設計の基本的内容の理解は，“実践編”を理解するための基礎知識になる．“入門編”の内容を理解することで，周りのアドバイザの助言を受けながら実験計画の立案や実験を行えるようになることを目指す．

“入門編”で取り扱う機能性評価とパラメータ設計の内容は，それぞれを使えるようになるために必要な事項に絞り込んだ．

機能性評価では，機能性評価の考え方，機能性評価の進め方，機能の定義，誤差因子の設定，SN 比の計算方法と機能性評価の結果の読み方とした．

パラメータ設計では，機能性評価を理解したことを前提として，パラメータ設計の考え方，パラメータ設計の進め方，パラメータ設計における誤差因子及び制御因子の役割及びパラメータ設計が二段階設計と呼ばれる理由を取り上げた．パラメータ設計において使用する SN 比は動特性の SN 比，制御因子を割り付ける直交表は混合系直交表 $L_{18}$ を使うことを前提とした．

**第Ⅱ.1章のねらい**

本章では機能性評価の基本的な手順を学んで機能性評価を使えるようになることをめざす．機能の定義と誤差因子の選定がポイントである．

# Ⅱ.1　機能性評価

## 1.1　機能性評価とは

機能性評価とは，誤差因子の影響下にあるシステムの出力の安定性の程度をSN比で表現し，複数のシステムを比較評価する手法である．システムの出力の安定性の程度は，**機能性**とか**ロバスト性**と呼ばれている．

機能性評価のプロセスは，システムの機能の定義，誤差因子の選定，誤差因子の環境下でのシステムの出力を測定，SN比の計算，SN比の利得の大きさによる評価・判断で構成される．

機能性評価は対象とするシステムの本来の姿（理想的な姿）を定義・評価することを目指すことから，技術の本質を追求するとも言える．したがって，技術者に限らず研究者・学生にも理解して使いこなして欲しい品質工学上の最も重要な手法である．機能性評価の方法を身に付けることで効率的かつ効果的に技術や製品の比較検討が行えるようになる．機能性評価はパラメータ設計のプロセスの一部とすることもでき，機能性評価の理解はパラメータ設計の理解につながる．さらに信頼性試験や寿命試験の実施を確実なものにする．以下に機能性評価の利用する場面を考えてみる．

**(a) 新しく開発した製品と従来品の比較**

市場で安定した性能を発揮し，高く評価されていた製品が製品寿命を迎えたので新製品を市場に投入することになったとしよう．新製品は従来品と同等あるいはそれ以上の性能を発揮するかどうか比較検討したいというような課題である．

市場に投入しようとする製品の性能を調べるような場合には，信頼性試験や寿命試験と呼ばれる試験が採用されている．このような試験を通過して市場に出したにもかかわらず問題を起こす製品があることから，的確な信頼性試験・寿命試験のために機能性評価を適用しようとする考え方があって実践されている．

**(b) 代替品の比較検討**

これまで生産工程で使用してきた接着剤があるとしよう．接着剤メーカの都合でこの接着剤が生産中止されることになった．接着剤メーカは代替品を提案してきたが，従来品と全く同じではないようだ．同じような接着剤は他のメーカにもある．どの接着剤を採用したものだろうかというような課題である．

**(c) 製造条件の変更**

製造時間を短縮するためにある製造条件を変更することになったとしよう．考えられている製造条件の変更によって製造時間は短縮されるが，本当に新しい製造条件を採用してよいものだろうかというような課題である．

このような課題に共通する事柄は，**比較評価**というキーワードである．すなわち新開発品と従来品の比較評価，従来品と代替品の比較評価，従来製造条件と新規製造条件の比較評価などである．ものづくりに限らず我々の日常生活においても比較して判断することが行われている．少々大げさな表現になるが，機能性評価は技術上の課題解決のための意思決定手段であると考えている．

## 1.2 機能性評価の考え方

ものづくりの世界では製品や技術を比較評価する際，目的の働きが得られているか，スペックどおりの性能を発揮するか，工程能力指数はどうかなどの**評価の観点**を設定する．設定した評価の観点をベースにして状況を数値化し，**評価の基準**を作って評価・判断している．実際に比較評価する場合，評価の観点は必ずしも一つではなく複数存在することが多く，ある観点では合格であるが，他の観点では不合格であるといった複雑な結果になることは珍しくない．

品質工学の機能性評価を使って製品や技術を比較評価する場合は，評価の観点はSN比であり，評価の基準は複数の製品や技術同士のSN比の差，すなわち**SN比の利得**の大きさである．SN比の利得の大小によって良し悪しを判断するという考え方である．機能性評価ではSN比以外の評価の観点はない．

“I. 準備編”で述べたように，SN比はシステムの出力を有効成分と無効成分に分け，有効成分と無効成分の比と定義している．システムが誤差因子の影響を強く受ければ有効成分は小さくなり，無効成分は大きくなる．有効成分と無効成分の変化は，SN比の値に変換される．すなわち，誤差因子の影響が大きければSN比は小さく，誤差因子の影響が小さければSN比は大きく表される．

SN比の大小は，偶然に発生する誤差によって決まるものではなく，必然的に発生する誤差によって決まるようにする．つまり必然誤差が発生する要因である誤差因子を設定することが機能性評価の特徴である．

システムの入力を$M$，出力を$y$としたとき，システムの機能は$y=f(M)$であるが，$y=\beta M$のように比例式で表されることが多い．意図的に設定する誤差因子は，図Ⅱ.1.1に示すように，システムに影響を与えて出力が大きくなるような水準（$N_1$）及びシステムに与える影響が小さくなるような水準（$N_2$）とする．SN比は誤差因子の水準$N_1$と水準$N_2$の差の大きさを表現していると考えてもよい．この差が大きければシステムの出力は安定性に欠け，小さければ安定である．

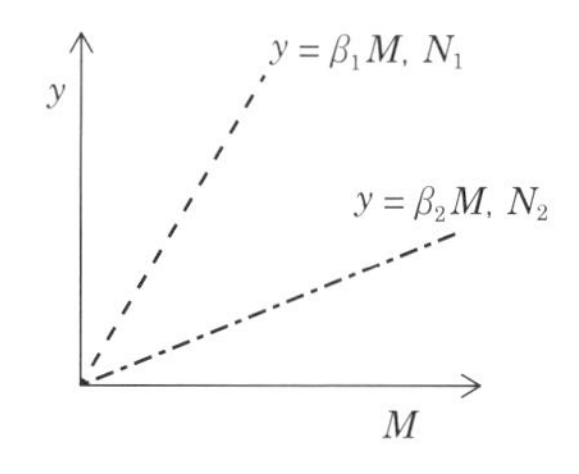


**図Ⅱ.1.1**　誤差因子の影響のイメージ

機能性評価を実施するに当たっては，システムの機能の定義と誤差因子の選定が重要であるが，その重要性には優劣を付けがたい．あえて言うならば，評価実験においてシステムの出力が変動するように意図的に誤差因子を実験に取り入れるという考え方は一般的でないことから，誤差因子の選定が機能性評価の成否を分けると言えるかもしれない．

誤差因子を採用するということは，システムに潜在的に存在するかもしれない弱点が顕在化するであろうという期待の表れである．したがって誤差因子はシステムが破綻しない程度に強く与えることがポイントになる．

**【問】** 機能性評価について述べた以下の文章の中で誤っているのはどの文章か．

(a) 機能性評価における評価の観点はSN比であり，評価の基準はSN比の利得の大きさである．

(b) 機能性評価は効率，スペックなどの評価項目を多数取り上げて実施する手法であり，SN比は評価項目の一つである．

(c) 機能性評価における誤差因子の役割は，システムの弱点を顕在化することである．

## 1.3 機能性評価の進め方

機能性評価は，以下のような過程を経て実施される．

**(a) 機能性評価を適用する業務内容と目的の確認**

機能性評価を適用するときのミスマッチや不理解を防ぎ，効果を確実なものにするためには欠かせない．

**(b) 機能性評価を適用する製品や技術の機能の定義**

動特性のSN比を計算するためには機能を定義することが必須である．標準SN比[*1]に持ち込むような機能の定義もあり得るが，このような場合でも動特

[*1] 標準SN比及び静特性のSN比については，それぞれ“III. 実践編”1.3節及び1.4節を参照のこと．

性のSN比の採用を考えたい．静特性のSN比[*1]の適用を考える向きもあるが，機能性評価では動特性のSN比を使うことが前提である．

**(c) 機能の入力の水準値の決定**

機能の入力は**信号因子**と呼ばれている．信号因子の水準値の幅はできるだけ大きく設定することが望ましいが，小さすぎてシステムが働かないあるいは大きすぎてシステムが破損してしまうことがないように設定する．水準数は少なくとも3水準は設定したい．

**(d) 機能の出力を測定する方法の確認**

設定した信号因子の水準値を変化させたときの出力値の測定方法を確定する．この段階で出力値を測定する方法が分からない，測定手段がないなどの課題が生じることもある．出力値を測定できなければ，他の機能を考えざるを得ないが，できるだけ当初の計画を実行したい．

**(e) 誤差因子の選定**

**誤差因子**の選定は機能の定義と並んで機能性評価を成功させるための大切な事項である．誤差因子は内乱と外乱に大別されるが，いずれもシステムに影響を及ぼして，出力の値が変化する・ばらつくような能力を持った要因とその水準値を決めることになる．

**(f) 機能性評価実験全体の確認**

(e)までは実験の計画と準備であるが，ここまでの過程を整理して内容を確認する．

**(g) 機能性評価実験の実施とデータ収集**

**(h) 機能性評価を適用する対象のSN比及び利得の導出**

**(i) 機能性評価の結論の導出**

二つのシステムのSN比がそれぞれ$\eta_1$（$=10\log\eta_1'$），$\eta_2$（$=10\log\eta_2'$）であるとすれば利得$G$は$G=\eta_1-\eta_2$である．ここに$\eta'$は有効成分と無効成分の比である．仮に$\eta_1>\eta_2$ならば，機能性評価の結論は，設定した誤差因子の下ではシステム1はシステム2より利得$G$[db]だけ安定であるというような表現になる．あるいは対数の性質を利用すれば，$\eta_1'/\eta_2'=10^{G/10}$であるから比を使った表現をしてもよい.

【例】 二つのシステムのSN比がそれぞれ$\eta_1 = 17$ [db], $\eta_2 = 12$ [db] とすれば利得$G$は5 [db] であるので, 設定した誤差因子の下, システム1はシステム2より5 [db] 安定である. また$\eta_1' / \eta_2' = 3.16$であるから, システム1の出力はシステム2の出力より約3倍安定であると表現してもよい.

【問】 二つのSN比（$\eta_1$, $\eta_2$）の利得$G$は$\eta_1' / \eta_2' = 10^{G/10}$と変形できることを確かめなさい.

## 1.4 機能性評価の例

市販されている異なるメーカの付箋を取り上げ, 機能性評価の進め方を確認する.

**(a) 機能性評価を適用する目的**

市販されている2社の付箋のいずれかを購入するに当たり機能性評価を適用し, 使用条件に対する安定性を評価する.

**(b) 機能性評価を適用する製品の機能の定義**

付箋を使用するとき付箋に期待することは, 本などに貼ったらはがれないこと, 付箋をはがそうとしたら簡単にはがれて粘着剤が本に残らないこと, 保管しているときはバラバラにならないことなどが考えられる. つまり“はがれにくいこと”と“はがれやすいこと”の相反する働きを期待すると言えよう. この場合, 二つの機能を考える必要があるが, ここでは簡単に“はがれにくいこと”に注目して機能を考えることにする.

付箋を本に貼って引きはがそうとするとき, はがれにくいことを期待するのだから, 引きはがし力を測定し, 測定値が大きいほどよいと考えるなら, 望大特性のSN比[*2]を適用すると考えるかも知れない. しかしながら機能を動特性

[*2] 望大特性のSN比については“Ⅲ. 実践編”1.4節(2)の望大特性のSN比を参照されたい.

で表現することが機能性評価の基本であるから，望大特性は却下である．

付箋はその幅の大きさが数種類市販されている．付箋の幅が大きくなると引きはがしにくいと経験的に分かっているので，付箋の幅を入力と考えるが，貼り付けるときは線状には貼れないので，ある面の大きさを持って貼り付けることになる．

以上のように考えて，付箋の機能は，付箋の貼付け面積を入力，引きはがし力を出力として，この入力と出力が比例関係にあることと定義する．

### (c) 機能の入力値の決定

付箋の機能の入力（信号因子）とした貼付け部の面積の水準値は，以下のようにする．

**表Ⅱ.1.1**　付箋の貼付け部面積の水準値

単位　$mm^2$

| | 第１水準 | 第２水準 | 第３水準 |
|---|---|---|---|
| 貼付け部面積 | $M_1$ | $M_2$ | $M_3$ |

### (d) 機能の出力を測定する方法の確認

引きはがし力の測定は，図Ⅱ.1.2に示すようなテストピースを想定するならば，卓上型引張圧縮試験機やデジタルフォースゲージなどの測定機器が必要であり，測定のプロセスをデジタルで記録・保存できるタイプが望ましい．場合によっては，ひずみゲージを利用したロードセルを自作することも考えられるが，ひずみアンプ及びデータレコーダが必要になる．いずれにしても付箋を滑りなくチャッキングできる装置及び一定の速度で付箋を引く機構が必要である．

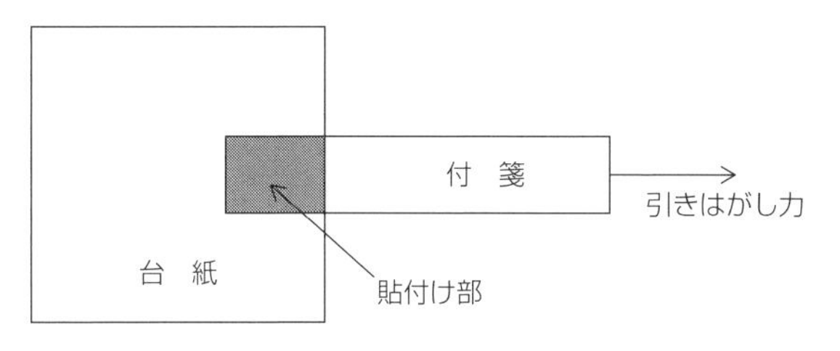


**図Ⅱ.1.2**　テストピース

### (e) 誤差因子の選定

誤差因子は外乱と内乱に分けて考えることにする．付箋を使用する環境を想定するならば，第一に温度変化が考えられる．貼り付けられた付箋の周囲温度が高くなると貼付け部の粘着剤が柔らかくなり，周囲温度が低くなると粘着剤は硬くなる．実験では周囲温度を単に変えるだけでなく，粘着剤の変質の発生を想定して短い時間間隔で周囲温度の上昇・下降を繰り返すことも考えられる．高い温度・低い温度の値を決めなければならない．

ほかに考えられる外乱は，図II.1.2 で台紙としている紙の種類である．紙には多くの種類があるが，表面がつるつるしたコート紙は貼り付けやすいだろうし，古くなって粉が吹いたような状態の紙は貼り付けにくいであろう．ただ古くなって粉が吹いたような紙を用意することは簡単ではないので，タルク紛をざら紙やコピー紙に振りかけて古紙の代用としてもよい．

誤差因子の選定と水準値の決定に当たっては，実際と同じ状況を作って誤差因子の影響を漫然と待つということではなく，誤差因子の影響を受けるとシステムはどのように変化するのかを考えることがポイントである．このことが分からなければ，予備的に事前に実験で調査することもある．これを**誤差探し実験**と呼ぶこともある．この段階での技術上の情報は対象としているシステムを深く理解することになって非常に有益である．

以上を整理して，ここでは周囲温度と紙質を誤差因子に採用する．

**表II.1.2** 採用した誤差因子

| | | 第1水準 | 第2水準 |
|---|---|---|---|
| 周囲温度(℃) | $N$ | 低い | 高い |
| 紙質 | $O$ | コート紙 | 古紙 |

### (f) 機能性評価実験全体の確認

ステップ(e)まで内容を整理して測定したデータは，表II.1.3 のようにまとめられる．2社の付箋を使うのでデータシートは2枚になる．設定する周囲の温度と室温を比較したとき大きな差があるような場合は，設定する周囲の温度を維持するための工夫が必要になるかもしれない．

### (g) 機能性評価実験の実施とデータ収集

以上の実験計画に従って表Ⅱ.1.3を埋めるように実験を実施する．実験順序のランダム化は必要ないが，誤差因子の設定に注意して実験を進める．できれば測定したデータはすぐにグラフ化するとよい．

**表Ⅱ.1.3**　測定データシート

| | | $M_1$ | $M_2$ | $M_3$ |
|---|---|---|---|---|
| $N_1$ | $O_1$ | $y_{11}$ | $y_{12}$ | $y_{13}$ |
| | $O_2$ | $y_{21}$ | $y_{22}$ | $y_{23}$ |
| $N_2$ | $O_1$ | $y_{31}$ | $y_{32}$ | $y_{33}$ |
| | $O_2$ | $y_{41}$ | $y_{42}$ | $y_{43}$ |

$N$：周囲の温度　$N_1$：高い温度　$N_2$：低い温度
$O$：紙種　$O_1$：コート紙　$O_2$：古紙
$M$：信号因子　貼付け部面積
$y$：測定データ　引きはがし力

### (h) 機能性評価を適用する対象のSN比及び利得の導出

表Ⅱ.1.3を埋めた収集データを使って，2社分のSN比及び感度及び利得を以下のように求める．

有効除数 $r$

$$r = M_1^2 + M_2^2 + M_3^2 \qquad (Ⅱ.1.1)$$

線形式 $L$

$$L_1 = y_{11}M_1 + y_{12}M_2 + y_{13}M_3 \qquad (Ⅱ.1.2)$$

$$L_2 = y_{21}M_1 + y_{22}M_2 + y_{23}M_3 \qquad (Ⅱ.1.3)$$

$$L_3 = y_{31}M_1 + y_{32}M_2 + y_{33}M_3 \qquad (Ⅱ.1.4)$$

$$L_4 = y_{41}M_1 + y_{42}M_2 + y_{43}M_3 \qquad (Ⅱ.1.5)$$

全変動 $S_T$

$$S_T = y_{11}^2 + y_{12}^2 + \cdots + y_{42}^2 + y_{43}^2 \qquad (Ⅱ.1.6)$$

信号因子の効果による変動 $S_\beta$

$$S_\beta = \frac{1}{2\times2\times r}(L_1+L_2+L_3+L_4)^2 \tag{Ⅱ.1.7}$$

誤差因子（周囲温度）の影響による変動 $S_{N\times\beta}$

$$S_{N\times\beta} = \frac{1}{2\times r}[(L_1+L_2)^2+(L_3+L_4)^2]-S_\beta \tag{Ⅱ.1.8}$$

誤差因子（紙種）の影響による変動 $S_{O\times\beta}$

$$S_{O\times\beta} = \frac{1}{2\times r}[(L_1+L_3)^2+(L_2+L_4)^2]-S_\beta \tag{Ⅱ.1.9}$$

誤差変動 $S_e$

$$S_e = S_T - S_\beta - S_{N\times\beta} - S_{O\times\beta} \tag{Ⅱ.1.10}$$

動特性の SN 比 $\eta$

$$\eta = 10\log\frac{S_\beta}{S_{N\times\beta}+S_{O\times\beta}+S_e} \quad \text{[db]} \tag{Ⅱ.1.11}$$

回帰直線の傾き $\beta$

$$\beta = \frac{L_1+L_2+L_3+L_4}{2\times2\times r} \tag{Ⅱ.1.12}$$

感度 $S$

$$S = 10\log\beta^2 \quad \text{[db]} \tag{Ⅱ.1.13}$$

動特性の SN 比の利得 $G$

$$G = \eta_1 - \eta_2 \quad \text{[db]} \tag{Ⅱ.1.14}$$

ここに，$\eta_1$ 及び $\eta_2$ は比較する付箋メーカの SN 比である．

**(i) SN 比の利得による機能性評価の結論の導出**

2 社の付箋の SN 比を比較して大きいほうが利得分だけ設定した誤差因子に対して**安定**であるとする．安定であるという表現は**ロバスト**であると言ってもよい．以上で**安定性**あるいは**ロバスト性**の評価をしたことになる．さらに実験の計画の冒頭で確認した目的である購入すべき付箋メーカを選ぶことができたことになる．

ただし，この評価には価格が考慮されていないことに注意する必要がある．誤差因子に対して安定であっても高額であれば必ずしも無条件で購入とならないかもしれない．価格を考慮した判定については，“I. 準備編”で取り上げた損失関数を使えばよいが，本書では取り上げていないので，オンライン品質工学について記述した参考文献 1）など参照されたい．

**【問】** 装置に組み込む DC モータの良否判定を製造現場の技術者が通電時の回転騒音を聞いて行っているが，必ずしも満足できる結果が得られていない．この良否判定法を改善するための手段として，以下の計測特性が検討対象になった．望ましい計測特性はどれか．

（a）モータの回転数

（b）モータが回転しているときの電流波形

（c）モータの電力

## 1.5　機能性評価の実例 [5),6),7)]

パラメータ設計を学ぶための教具として紙コプターと呼ばれる模型がある．図Ⅱ.1.3（a）に示すように紙を切り抜き，中央に切れ目を入れて折り返せば同図（b）のような形になる．同図（b）のようにクリップをおもりとして取り付ける．任意の高さから落下すると紙コプターはクルクル回って落下する．各部の形・大きさを変えると様々な紙コプターができあがり，落下の様子が異なる．

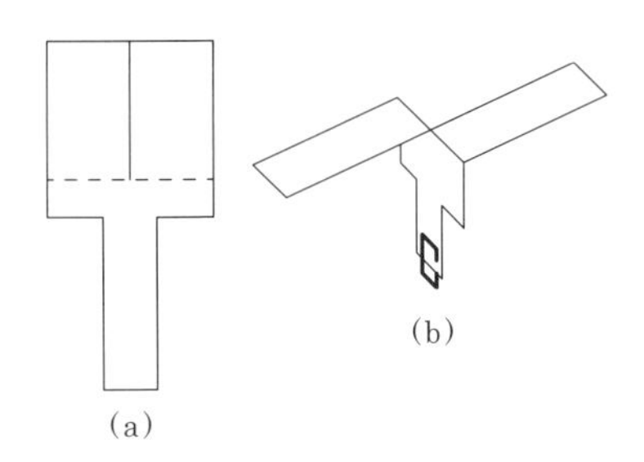


**図Ⅱ.1.3**　紙コプターのモデル

機能性評価を体験するために二つのタイプの紙コプターを作った．二つの紙コプターに機能性評価を適用する．

**(a) 紙コプターの機能**

落下距離を変化させるとその大きさに依存して落下時間が変化するので，落下距離を信号因子，落下時間を出力として落下距離と落下時間が比例するとした．落下時間はストップウォッチを使用した．

**表Ⅱ.1.4**　紙コプター機能性評価実験の信号因子

| | $M_1$ | $M_2$ | $M_3$ |
|---|---|---|---|
| 落下距離 (m) | 1.715 | 2.015 | 2.315 |

**(b) 誤差因子の選定**

落下時間に影響を与える要因として紙コプターが落下しているときに風が吹いて紙コプターに当たれば落下時間は変化するだろう．あるいは紙コプターに何か搭載することを想定すれば，搭載物の重さは落下時間に影響を与えると考えられる．ここでは，実験のしやすさを考慮して搭載物の重さを誤差因子とすることにした．搭載物としてクリップを使用した．

**表Ⅱ.1.5**　紙コプター機能性評価実験の誤差因子

| | クリップの数 |
|---|---|
| $N_1$ | 1 個 |
| $N_2$ | 2 個 |

**(c) 実験結果**

実験計画に従って紙コプターを落下させる実験を行い，表Ⅱ.1.6 及び図Ⅱ.1.4 に示す結果が得られた．

**(d) SN 比及び感度の計算** －サンプル $A$ の場合－

有効除数 $r$

$$r = 1.715^2 + 2.015^2 + 2.315^2 = 12.36068$$

**表 Ⅱ.1.6**　機能性評価の実験結果

単位　秒

| | | $M_1$ | $M_2$ | $M_3$ |
|---|---|---|---|---|
| サンプル $A$ | $N_1$ | 1.42 | 1.94 | 2.74 |
| | $N_2$ | 1.3 | 1.66 | 2.04 |
| サンプル $B$ | $N_1$ | 1.42 | 1.94 | 2.04 |
| | $N_2$ | 1.41 | 1.66 | 1.90 |

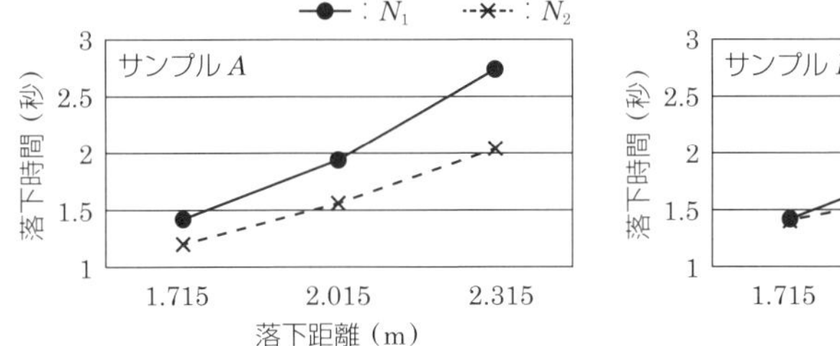


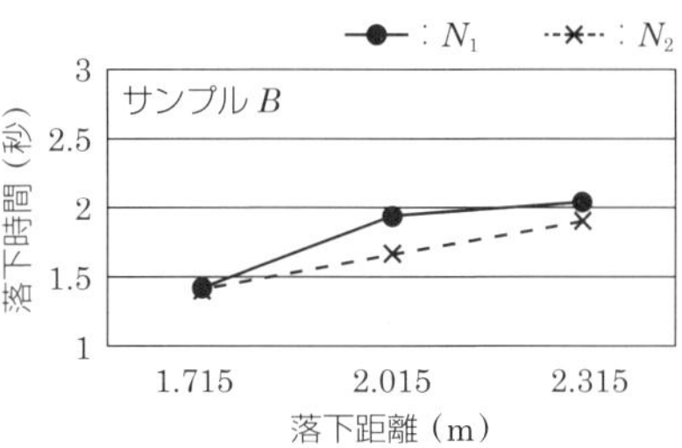


**図 Ⅱ.1.4**　紙コプター落下実験結果

線形式 $L$

$$L_1 = 1.715 \times 1.42 + 2.015 \times 1.94 + 2.315 \times 2.74 = 12.6875$$

$$L_2 = 1.715 \times 1.20 + 2.015 \times 1.56 + 2.315 \times 2.04 = 9.924$$

全変動 $S_T$

$$S_T = 1.42^2 + 1.94^2 + \cdots + 2.04^2 = 21.3228$$

信号因子の効果による変動 $S_\beta$

$$S_\beta = \frac{1}{2 \times 12.36068}(12.6875 + 9.924)^2 = 20.68172$$

誤差因子の影響による変動 $S_{N \times \beta}$

$$S_{N \times \beta} = \frac{1}{12.36068}(12.6875^2 + 9.924^2) - 20.68172 = 0.308921$$

誤差変動 $S_e$

$$S_e = 21.3228 - 20.68172 - 0.308921 = 0.332164$$

回帰項の傾き $\beta$

$$\beta = \frac{1}{2\times 12.36068} \times (12.6875 + 9.924) = 0.914665$$

動特性の SN 比 $\eta$

$$\eta = 10 \times \log \frac{20.68172}{0.308921 + 0.332164} = 15.08 \text{ [db]}$$

感度 $S$

$$S = 10 \times \log 0.914665^2 = -0.77 \text{ [db]}$$

サンプル $B$ も同様に計算して表Ⅱ.1.7 に整理した.

**表Ⅱ.1.7**　紙コプターの機能性評価結果

| | SN 比 [db] | 感度 [db] |
|---|---|---|
| サンプル $A$ | 15.08 | −0.77 |
| サンプル $B$ | 24.40 | −0.54 |
| 利　得 | 9.32 | 0.23 |

## (e) 紙コプターの評価

表Ⅱ.1.7 に示すように，サンプル $B$ は設定した誤差因子の下ではサンプル $A$ より 9.32 [db] 安定との計算結果である．比率で表せば，サンプル $B$ はサンプル $A$ より 8.55 倍安定である．また，サンプル $B$ の落下時間はサンプル $A$ の落下時間の 1/1.06 である．

**【問】** 家庭用の石油ポンプのモータの消費電力を計測したところ，右図のような波形データが得られた．SN 比を求めるためには，得られている波形からどのようなデータを抽出するのが望ましいか．四つの中から選びなさい．

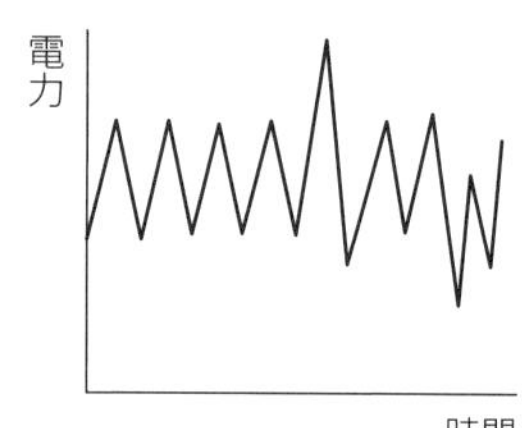

(a) 突発で発生した大きな値を除いたデータを使う．

(b) 最大値と最小値を使う．

(c) 全データを使う．

(d) 平均値を使う．

**【練習問題Ⅱ.1.1】**

紙コプターはパラメータ設計を学ぶときの教具として各所で使用され，参考文献 6)，7)に示すような検討が行われている．各文献によって機能の表現や誤差因子が異なっているようである．各文献に当たってその違いを整理しなさい．

**第Ⅱ.1章の参考文献**

1)　ベーシックオフライン品質工学，田口玄一他，日本規格協会，2007
2)　ベーシック品質工学へのとびら，田口玄一他，日本規格協会，2007
3)　基礎から学ぶ品質工学，小野元久編，日本規格協会，2013
4)　これでわかった！超実践品質工学，鶴田明三，日本規格協会，2016
5)　座談会「基本機能とは」，立林和夫ほか，品質工学，Vo.1，No.3，1993，pp.33-35
6)　紙コプターの基本機能について，五十嵐二伯ほか，品質工学，Vol.3，No.4，pp.49-57，1995
7)　パラメータ設計によるカミコプター最適化，藤本良一，品質工学，Vol.12，No.6，pp.24-30，2004

**第II.2章のねらい**

本章ではパラメータ設計を実施するねらいとパラメータ設計の進め方を学ぶ．本章を理解することで，対象とする部品・製品や製造条件が誤差因子の影響下にあっても安定して働くように設計条件や製造条件を決めることができるようになる．パラメータ設計によって得られた設計条件や製造条件で製造された部品・製品は市場で安定して使用でき，企業は消費者から高い評価を得て企業イメージの向上が期待できる．

# II.2 パラメータ設計

## 2.1 パラメータ設計のねらい

数多くの種類の素材を組み合わせて新材料を開発するような分野において，素材の種類とその水準の組合せを特定したい．製品設計の分野において，実験やシミュレーションで部品の形状寸法を決定したい．製造分野において，新規に導入した装置の製造条件を決定したい．開発設計から製造までの各段階で様々な業務課題が発生するが，こうした業務課題に取り組むということは，多くの場合，システムが苛酷な使用環境にあっても製品が安定して働くにはどうしたらよいかという問題に帰着する．パラメータ設計は多種多様な業務課題に取り組むための一つの手段として活用されている[*1]．

機能性評価では対象とするシステムの機能を定義するとともに誤差因子を選

---

[*1] 設計条件，製造条件，市場などと製造業に関わるキーワードをあげていることから，パラメータ設計は製造業に関わる手法と受け取られるかも知れない．このような理解は誤解であり，大学などの教育現場，公的な研究機関で行われる研究・実験においても十分に使える手法である．

定し，誤差因子の影響によってシステムの出力が変化する様子をSN比によって表現した．このようにして求めたSN比を使って誤差因子の影響下にあって，システムが安定して働くかどうか比較評価するのが機能性評価である．

パラメータ設計とは，市場での使用環境や使われ方を想定してシステムの機能が安定するように設計条件，製造条件などを決定する手法である．パラメータ設計において機能の安定性を評価するためには，機能性評価と同じようにSN比を使う．SN比を使うためには機能の定義と誤差因子の選定が必要であり，ここまでは機能性評価とパラメータ設計は同じプロセスをたどる．

パラメータ設計のねらいは，機能性評価と異なって，機能の安定性を確保するために設計条件や製造条件であるパラメータ，すなわち**制御因子**を**直交表**に割り付けて機能が安定する条件を探し出そうとすることころにある．機能が安定する制御因子と水準の組合せを探し出すことが**最適化**であり，最適化された制御因子とその水準の組合せが**最適条件**である．パラメータ設計では機能が安定する制御因子とその水準を決定してシステムの出力を安定化した後，システムの出力値を目標の値に調整する作業を行う．このような手順を踏むことからパラメータ設計は**二段階設計**とも呼ばれている．

## 2.2　パラメータ設計の考え方[1), 2), 3)]

あるシステムの設計条件（制御因子）として設計条件$A$及び設計条件$B$があり，それぞれの設計条件は表Ⅱ.2.1のように与えられているとする．設計条件$A$とシステムの出力の間には非線形関係，設計条件$B$とシステムの出力の間には線形関係が成立している．表Ⅱ.2.1に示した水準の変化とは，各設計条件の値を意図的に変化させるときの値である．またシステムの出力の目標値は，図Ⅱ.2.1 (a) 及び (b) のように設定されているとする．この条件下でパラメータ設計，すなわち**二段階設計**の考え方を説明する．

図Ⅱ.2.1 (a) に示すように設計条件$A$の水準値を$A_1$にすることで目標値が達成できると結論付けたいところだが，この結論でよいかどうか吟味する必要がある．

**表Ⅱ.2.1**　要因 $A$ と要因 $B$ の水準値と水準値の変化

| | 第１水準 | 第２水準 | 水準の変化 |
|---|---|---|---|
| 設計条件 $A$ | $A_1$ | $A_2$ | $\pm\ \Delta A$ |
| 設計条件 $B$ | $B_1$ | $B_2$ | $\pm\ \Delta B$ |

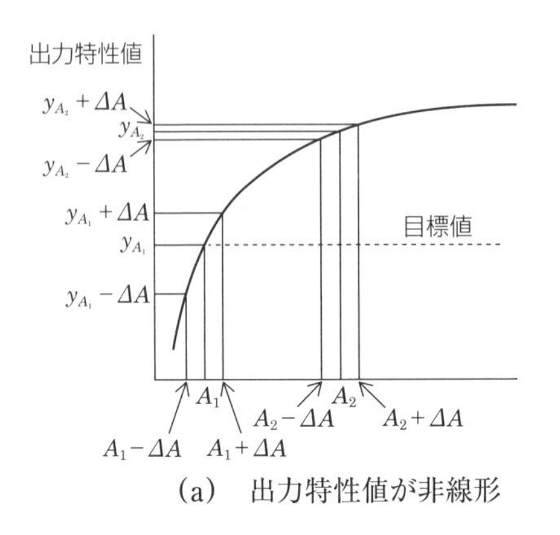

(a)　出力特性値が非線形

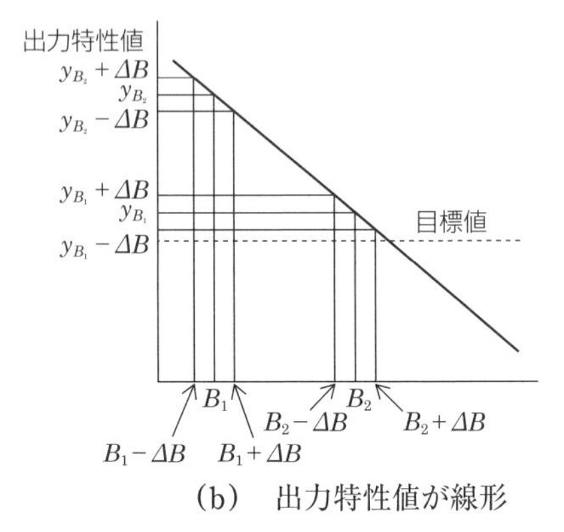

(b)　出力特性値が線形

**図Ⅱ.2.1**　設計条件とシステムの出力の関係

設計条件 $A$ とシステムの出力値の間には非線形関係が成立しているので，水準値を $A_1$ から $A_2$ に変更することでシステムの出力値は目標値から大きく外れてしまう．したがって水準値 $A_1$ の選択が望ましいということになるのだが，設計条件 $A$ の水準値 $A_1$ と $A_2$ とでその周辺での設計条件の変化（$\Delta A$）と出力値の変化（$\Delta y_1$，$\Delta y_2$）が同じように変化しないことに注意する必要がある．水準値 $A_2$ 周辺での水準値の変化による出力の変化は水準値 $A_1$ 周辺での出力の変化より小さいことがポイントである．ここでは設計条件を意図的に変化させるとしているが，設計条件が誤差因子の影響を受けて出力値がばらつく可能性があることを考えると設計条件 $A$ の水準値は $A_2$ にすべきという考え方も成り立つ．すなわち，水準 $A_2$ を選択することで目標値は達成できないが，制御因子の水準値が誤差因子の影響を受けてシステムが変化しても出力値の変化は小さいのでシステムの安定性は確保できそうだと考える．これがパラメータ設計の考え方，すなわち二段階設計の第一段階ということになる．

設計条件 $B$ に目を移すと，設計条件 $B$ とシステムの出力値の間には線形関係が成立しているので，設計条件 $B$ の水準値に依存せずシステムの出力値は一定である．

設計条件 $A$ と設計条件 $B$ は単独では使わず組み合わせて使うので，設計条件 $A$ は水準 $A_2$ を採用してシステムの出力の変化を抑えておき，設計条件 $B$ の水準を変えることでシステムの出力の値を目標値に合わせ込む，すなわち二段階設計の二段階目の実施を考える．このように考えるのがパラメータ設計，すなわち二段階設計である．

## 2.3　パラメータ設計の進め方

パラメータ設計は，以下のような手順で進められる．

**(a) 業務内容の整理と目的の明確化**

業務における技術課題を整理してパラメータ設計の対象に求められていることを確認する．

**(b) システムの選択**

パラメータ設計を適用する対象は**システム**であるが，適用範囲の特定，すなわち**システム選択**を行う．システム選択とはパラメータ設計の適用範囲がシステム全体あるいはシステムの一部分（**サブシステム**）かを決定することである．例えば，インクジェットプリンタであれば，用紙送りサブシステム，印字サブシステムに分けることができ，どちらのサブシステムをパラメータ設計の対象とするかがシステム選択である．システムをサブシステムに分けることは**システムの分解**と呼ばれている．

**(c) システムの機能の定義**

**(d) システムの入力（信号因子）の水準値の決定**

例えば，表Ⅱ.2.2 のように設定する．

**表Ⅱ.2.2** 信号因子の水準数と水準値

| | 第１水準 | 第２水準 | 第３水準 |
|---|---|---|---|
| 信号因子 $M$ | $M_1$ | $M_2$ | $M_3$ |

### (e) システムの出力を測定する方法の確認

(c)から(e)までのプロセスは，機能性評価と同様である．

### (f) 誤差因子の選定と水準の設定

機能性評価では，対象が市場で使用されるときの様子を強く想定して誤差因子を選定した．パラメータ設計では，外乱，内乱の他に品物間のばらつきのように分類して誤差因子を選定する．表Ⅱ.2.3 に示すように実際の市場における誤差因子の他に製造工程での次工程を市場とみなして誤差因子を選定することもある．したがってパラメータ設計を適用しようとしている対象システムの使用場面を明確にするなどの配慮が必要である．

誤差因子の選定に当たっては候補をできるだけたくさん取り上げ，誤差因子の効果が期待できる要因を選定してその水準を決定する．

**表Ⅱ.2.3** 市場と製造工程の次工程における誤差因子の例

| 誤差因子想定場面 | 区分 | 例 |
|---|---|---|
| 市場 | 外乱 | 使用環境条件：温度，湿度，紫外線，振動，気圧など |
| | 内乱 | 使用時間経過による劣化：材質の変化，摩耗など |
| 工場内 | 外乱 | 工場内電源の電圧，作業者の力量，装置使用開始までの時間など |
| | 内乱 | 測定機器・治具の劣化など |
| | 品物間のばらつき | 使用する材料のロット，メーカなど |

注 外乱・内乱は市場，工場内共通となる場合が多い．

例えば，誤差因子として2要因選定し，水準を2水準とすれば，表Ⅱ.2.4のような多元配置の誤差因子の計画になると考えられる．誤差因子の第1水準は誤差因子の影響が小さく，第2水準は誤差因子の影響が大きく出るような水準値とする．

**表Ⅱ.2.4**　選定した誤差因子とその水準

| | 第1水準 | 第2水準 |
|---|---|---|
| $N$　要因名 | $N_1$ | $N_2$ |
| $O$　要因名 | $O_1$ | $O_2$ |

### (g) 制御因子の選定と水準の設定

システムの構成要素，設計対象の諸元，設計パラメータ，製造条件などが**制御因子**である．制御因子はシステムの出力値を変える能力がありかつ設計者や製造者が制御できる要因である．この制御因子の中から誤差因子の影響下にあってもシステムの出力が影響を受けにくい安定な条件を探し出す．ここでは，制御因子を直交表$L_{18}$に割り付けることにするので，1要因2水準，7要因3水準，都合8要因用意し，表Ⅱ.2.5のように整理する．

**表Ⅱ.2.5**　選定した制御因子とその水準

| 記号 | 要因名 | 第1水準 | 第2水準 | 第3水準 |
|---|---|---|---|---|
| $A$ | | $a_1$ | $a_2$ | − |
| $B$ | | $b_1$ | $b_2$ | $b_3$ |
| $C$ | | $c_1$ | $c_2$ | $c_3$ |
| $D$ | | $d_1$ | $d_2$ | $d_3$ |
| $E$ | | $e_1$ | $e_2$ | $e_3$ |
| $F$ | | $f_1$ | $f_2$ | $f_3$ |
| $G$ | | $g_1$ | $g_2$ | $g_3$ |
| $H$ | | $h_1$ | $h_2$ | $h_3$ |

ここまでの作業を**Pダイヤグラム**に表すと図Ⅱ.2.2のようになる．Pダイヤグラムにはパラメータ設計の構成要素を正しく考え，誤差因子及び制御因子の取りこぼしを防ぐなどの効果が期待できる．

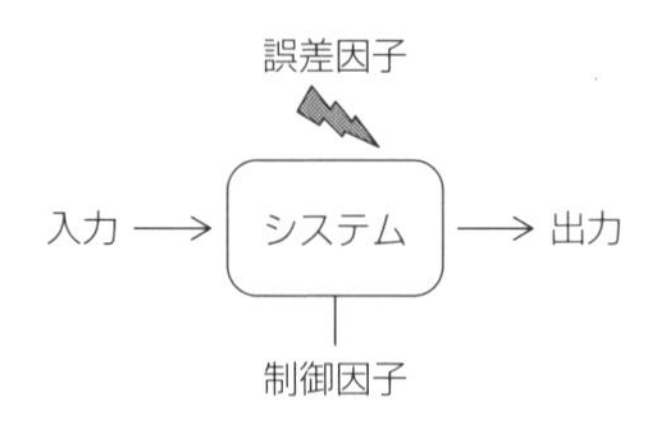


**図Ⅱ.2.2**　パラメータ設計のPダイヤグラム

### (h) 制御因子の直交表への割付け

パラメータ設計では直交表 $L_{18}$ のような混合系直交表の使用が推奨されているので，表Ⅱ.2.5のように整理した制御因子を表Ⅱ.2.6に示す混合系直交表 $L_{18}$ に割り付ける．

**表Ⅱ.2.6**　直交表 $L_{18}$

| | $A$ | $B$ | $C$ | $D$ | $E$ | $F$ | $G$ | $H$ | | $A$ | $B$ | $C$ | $D$ | $E$ | $F$ | $G$ | $H$ |
|---|---|---|---|---|---|---|---|---|---|---|---|---|---|---|---|---|---|
| 1 | 1 | 1 | 1 | 1 | 1 | 1 | 1 | 1 | 10 | 2 | 1 | 1 | 3 | 3 | 2 | 2 | 1 |
| 2 | 1 | 1 | 2 | 2 | 2 | 2 | 2 | 2 | 11 | 2 | 1 | 2 | 1 | 1 | 3 | 3 | 2 |
| 3 | 1 | 1 | 3 | 3 | 3 | 3 | 3 | 3 | 12 | 2 | 1 | 3 | 2 | 2 | 1 | 1 | 3 |
| 4 | 1 | 2 | 1 | 1 | 2 | 2 | 3 | 3 | 13 | 2 | 2 | 1 | 2 | 3 | 1 | 3 | 2 |
| 5 | 1 | 2 | 2 | 2 | 3 | 3 | 1 | 1 | 14 | 2 | 2 | 2 | 3 | 1 | 2 | 1 | 3 |
| 6 | 1 | 2 | 3 | 3 | 1 | 1 | 2 | 2 | 15 | 2 | 2 | 3 | 1 | 2 | 3 | 2 | 1 |
| 7 | 1 | 3 | 1 | 2 | 1 | 3 | 2 | 3 | 16 | 2 | 3 | 1 | 3 | 2 | 3 | 1 | 2 |
| 8 | 1 | 3 | 2 | 3 | 2 | 1 | 3 | 1 | 17 | 2 | 3 | 2 | 1 | 3 | 1 | 2 | 3 |
| 9 | 1 | 3 | 3 | 1 | 3 | 2 | 1 | 2 | 18 | 2 | 3 | 3 | 2 | 1 | 2 | 3 | 1 |

### (i) 実験計画の確認と実験の実施

ここまでの作業を整理・確認する．実験に備えて直交表 $L_{18}$ の1行当たり実験計画を表Ⅱ.2.7のように整理する．この表は直交表の行の数だけ作成される．

**表Ⅱ.2.7**　直交表 $L_{18}$ の1行当たりの実験計画

| 誤差因子＼信号因子 | | $M_1$ | $M_2$ | $M_3$ |
|---|---|---|---|---|
| $N_1$ | $O_1$ | $y_{11}$ | $y_{12}$ | $y_{13}$ |
| | $O_2$ | $y_{21}$ | $y_{22}$ | $y_{23}$ |
| $N_2$ | $O_1$ | $y_{31}$ | $y_{32}$ | $y_{33}$ |
| | $O_2$ | $y_{41}$ | $y_{42}$ | $y_{43}$ |

以上の実験計画に従って実験を実施し，表Ⅱ.2.7 を埋める形でデータを収集する．実験を進める順序に制限はなく，実験を進めやすいように行ってよいが，誤差因子の設定に誤りが起きないように十分注意する．また，制御因子の組合せ及び水準設定にも誤りが発生しないように，実験指示書を作ることも効果的である．実験計画を作る人と実験を実施する人が異なる場合には，特に注意が必要である．また実験を進めて表Ⅱ.2.7 を作るごとにグラフを描く習慣を付けることで実験に誤りがないか，実験データの記入ミスはないかなどをチェックできる．

### (j) SN 比・感度の計算

表Ⅱ.2.7 に示す形で収集したデータを使って SN 比と感度を以下のように計算する．

有効除数 $r$

$$r = M_1^2 + M_2^2 + M_3^2 \quad (\text{Ⅱ.2.1})$$

線形式 $L$

$$L_1 = y_{11}M_1 + y_{12}M_2 + y_{13}M_3 \quad (\text{Ⅱ.2.2})$$

$$L_2 = y_{21}M_1 + y_{22}M_2 + y_{23}M_3 \quad (\text{Ⅱ.2.3})$$

$$L_3 = y_{31}M_1 + y_{32}M_2 + y_{33}M_3 \quad (\text{Ⅱ.2.4})$$

$$L_4 = y_{41}M_1 + y_{42}M_2 + y_{43}M_3 \quad (\text{Ⅱ.2.5})$$

全変動 $S_T$

$$S_T = y_{11}^2 + y_{12}^2 + y_{13}^2 + \cdots + y_{41}^2 + y_{42}^2 + y_{43}^2 \quad (\text{Ⅱ.2.6})$$

信号因子の効果による変動 $S_\beta$

$$S_\beta = \frac{1}{2\times2\times r}(L_1^2+L_2^2+L_3^2+L_4^2) \qquad (Ⅱ.2.7)$$

誤差因子 $N$ の影響による変動 $S_{N\times\beta}$

$$S_{N\times\beta} = \frac{1}{2\times r}[(L_1+L_2)^2+(L_3+L_4)^2]-S_\beta \qquad (Ⅱ.2.8)$$

誤差因子 $O$ の影響による変動 $S_{O\times\beta}$

$$S_{O\times\beta} = \frac{1}{2\times r}[(L_1+L_3)^2+(L_2+L_4)^2]-S_\beta \qquad (Ⅱ.2.9)$$

誤差変動 $S_e$

$$S_e = S_T - S_\beta - S_{N\times\beta} - S_{O\times\beta} \qquad (Ⅱ.2.10)$$

総合誤差変動 $S_N$

$$S_N = S_e + S_{N\times\beta} + S_{O\times\beta} \qquad (Ⅱ.2.11)$$

動特性 SN 比 $\eta$

$$\eta = 10\log\frac{S_\beta}{S_N} \quad [\mathrm{db}] \qquad (Ⅱ.2.12)$$

回帰直線の傾き $\beta$

$$\beta = \frac{L_1+L_2+L_3+L_4}{2\times2\times r} \qquad (Ⅱ.2.13)$$

感度 $S$

$$S = 10\log\beta^2 \quad [\mathrm{db}] \qquad (Ⅱ.2.14)$$

直交表 $L_{18}$ の行数分の SN 比と感度を計算して整理すれば，表Ⅱ.2.8 のようになる．

**表Ⅱ.2.8**　制御因子の直交表 $L_{18}$ と SN 比及び感度

| | $A$ | $B$ | $C$ | $D$ | $E$ | $F$ | $G$ | $H$ | SN比 [db] | 感度 [db] | | $A$ | $B$ | $C$ | $D$ | $E$ | $F$ | $G$ | $H$ | SN比 [db] | 感度 [db] |
|---|---|---|---|---|---|---|---|---|---|---|---|---|---|---|---|---|---|---|---|---|---|
| 1 | 1 | 1 | 1 | 1 | 1 | 1 | 1 | 1 | $\eta_1$ | $S_1$ | 10 | 2 | 1 | 1 | 3 | 3 | 2 | 2 | 1 | $\eta_{10}$ | $S_{10}$ |
| 2 | 1 | 1 | 2 | 2 | 2 | 2 | 2 | 2 | $\eta_2$ | $S_2$ | 11 | 2 | 1 | 2 | 1 | 1 | 3 | 3 | 2 | $\eta_{11}$ | $S_{11}$ |
| 3 | 1 | 1 | 3 | 3 | 3 | 3 | 3 | 3 | $\eta_3$ | $S_3$ | 12 | 2 | 1 | 3 | 2 | 2 | 1 | 1 | 3 | $\eta_{12}$ | $S_{12}$ |
| 4 | 1 | 2 | 1 | 1 | 2 | 2 | 3 | 3 | $\eta_4$ | $S_4$ | 13 | 2 | 2 | 1 | 2 | 3 | 1 | 3 | 2 | $\eta_{13}$ | $S_{13}$ |
| 5 | 1 | 2 | 2 | 2 | 3 | 3 | 1 | 1 | $\eta_5$ | $S_5$ | 14 | 2 | 2 | 2 | 3 | 1 | 2 | 1 | 3 | $\eta_{14}$ | $S_{14}$ |
| 6 | 1 | 2 | 3 | 3 | 1 | 1 | 2 | 2 | $\eta_6$ | $S_6$ | 15 | 2 | 2 | 3 | 1 | 2 | 3 | 2 | 1 | $\eta_{15}$ | $S_{15}$ |
| 7 | 1 | 3 | 1 | 2 | 1 | 3 | 2 | 3 | $\eta_7$ | $S_7$ | 16 | 2 | 3 | 1 | 3 | 2 | 3 | 1 | 2 | $\eta_{16}$ | $S_{16}$ |
| 8 | 1 | 3 | 2 | 3 | 2 | 1 | 3 | 1 | $\eta_8$ | $S_8$ | 17 | 2 | 3 | 2 | 1 | 3 | 1 | 2 | 3 | $\eta_{17}$ | $S_{17}$ |
| 9 | 1 | 3 | 3 | 1 | 3 | 2 | 1 | 2 | $\eta_9$ | $S_9$ | 18 | 2 | 3 | 3 | 2 | 1 | 2 | 3 | 1 | $\eta_{18}$ | $S_{18}$ |

### (k) SN 比・感度の水準別平均と要因効果図の作成

表Ⅱ.2.8 から各要因の SN 比と感度の**水準別平均**を求め，表Ⅱ.2.9 及び表Ⅱ.2.10 のように整理する．ここに，SN 比の水準別平均を計算する手順として $A_1$ と $B_2$ の場合を示す．

要因 $A$ の第 1 水準の SN 比の平均値

$$\overline{\eta}_{A_1} = \frac{1}{9}(\eta_1 + \eta_2 + \eta_3 + \eta_4 + \eta_5 + \eta_6 + \eta_7 + \eta_8 + \eta_9) \qquad (Ⅱ.2.15)$$

要因 $B$ の第 2 水準の SN 比の平均値

$$\overline{\eta}_{B_2} = \frac{1}{6}(\eta_4 + \eta_5 + \eta_6 + \eta_{13} + \eta_{14} + \eta_{15}) \qquad (Ⅱ.2.16)$$

**表Ⅱ.2.9**　SN 比の水準別平均

| | 第 1 水準 | 第 2 水準 | 第 3 水準 |
|---|---|---|---|
| $A$ | $\overline{\eta}_{A_1}$ | $\overline{\eta}_{A_2}$ | － |
| $B$ | $\overline{\eta}_{B_1}$ | $\overline{\eta}_{B_2}$ | $\overline{\eta}_{B_3}$ |
| $C$ | $\overline{\eta}_{C_1}$ | $\overline{\eta}_{C_2}$ | $\overline{\eta}_{C_3}$ |
| $D$ | $\overline{\eta}_{D_1}$ | $\overline{\eta}_{D_2}$ | $\overline{\eta}_{D_3}$ |
| $E$ | $\overline{\eta}_{E_1}$ | $\overline{\eta}_{E_2}$ | $\overline{\eta}_{E_3}$ |
| $F$ | $\overline{\eta}_{F_1}$ | $\overline{\eta}_{F_2}$ | $\overline{\eta}_{F_3}$ |
| $G$ | $\overline{\eta}_{G_1}$ | $\overline{\eta}_{G_2}$ | $\overline{\eta}_{G_3}$ |
| $H$ | $\overline{\eta}_{H_1}$ | $\overline{\eta}_{H_2}$ | $\overline{\eta}_{H_3}$ |

**表Ⅱ.2.10**　感度の水準別平均

| | 第 1 水準 | 第 2 水準 | 第 3 水準 |
|---|---|---|---|
| $A$ | $\overline{S}_{A_1}$ | $\overline{S}_{A_2}$ | － |
| $B$ | $\overline{S}_{B_1}$ | $\overline{S}_{B_2}$ | $\overline{S}_{B_3}$ |
| $C$ | $\overline{S}_{C_1}$ | $\overline{S}_{C_2}$ | $\overline{S}_{C_3}$ |
| $D$ | $\overline{S}_{D_1}$ | $\overline{S}_{D_2}$ | $\overline{S}_{D_3}$ |
| $E$ | $\overline{S}_{E_1}$ | $\overline{S}_{E_2}$ | $\overline{S}_{E_3}$ |
| $F$ | $\overline{S}_{F_1}$ | $\overline{S}_{F_2}$ | $\overline{S}_{F_3}$ |
| $G$ | $\overline{S}_{G_1}$ | $\overline{S}_{G_2}$ | $\overline{S}_{G_3}$ |
| $H$ | $\overline{S}_{H_1}$ | $\overline{S}_{H_2}$ | $\overline{S}_{H_3}$ |

### (l) 最適条件の SN 比の推定

表Ⅱ.2.9 から図Ⅱ.2.3 のような SN 比の**要因効果図**を描き，SN 比が最も大きくなる要因の水準の組合せ（図Ⅱ.2.3 の○印，$\overline{A}_2\,\overline{B}_3\,\overline{C}_2\,\overline{D}_3\,\overline{E}_1\,\overline{F}_1\,\overline{G}_1\,\overline{H}_3$）を選定し，**最適条件**とする．最適条件のときの SN 比の推定値は以下のようにして求める．ただし，アルファベットの下付き添え字は各要因の平均値の中で最も大きい値，$\overline{T}$ は 18 個の SN 比の平均を表している．同じようにして**比較条件**[*2] の SN 比の推定値を求めるが，ここでは，比較条件の水準を全て第 2 水準（図Ⅱ.2.3 の□印，$\overline{A}_2\,\overline{B}_2\,\overline{C}_2\,\overline{D}_2\,\overline{E}_2\,\overline{F}_2\,\overline{G}_2\,\overline{H}_2$）とする．さらに最適条件と比較条件の推定値の差，すなわち利得を計算する．合わせて最適条件及び比較条件のときの感度の推定値も同様にして計算する．

$$\hat{\eta}_{\mathrm{opt}} = \overline{\eta}_{A\max} + \overline{\eta}_{B\max} + \overline{\eta}_{C\max} + \overline{\eta}_{D\max} + \overline{\eta}_{E\max} + \overline{\eta}_{F\max} + \overline{\eta}_{G\max} + \overline{\eta}_{H\max} - 7\overline{T} \qquad (\text{Ⅱ}.2.17)$$

$$\hat{\eta}_{\mathrm{cur}} = \overline{\eta}_{A_2} + \overline{\eta}_{B_2} + \overline{\eta}_{C_2} + \overline{\eta}_{D_2} + \overline{\eta}_{E_2} + \overline{\eta}_{F_2} + \overline{\eta}_{G_2} + \overline{\eta}_{H_2} - 7\overline{T} \qquad (\text{Ⅱ}.2.18)$$

$$G = \hat{\eta}_{\mathrm{opt}} - \hat{\eta}_{\mathrm{cur}} \qquad (\text{Ⅱ}.2.19)$$

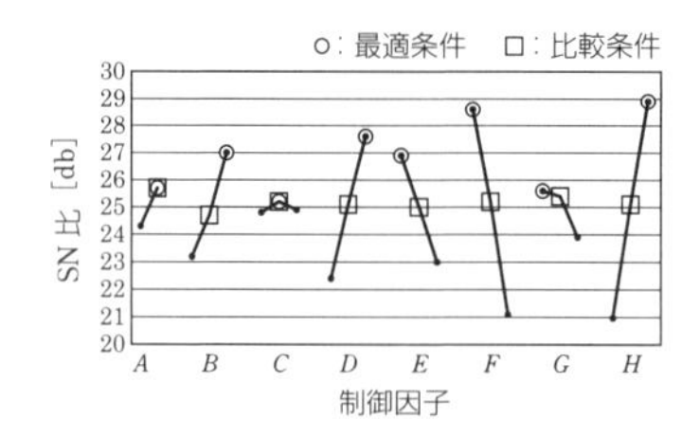


**図Ⅱ.2.3** SN 比の要因効果図（モデル）[*3]

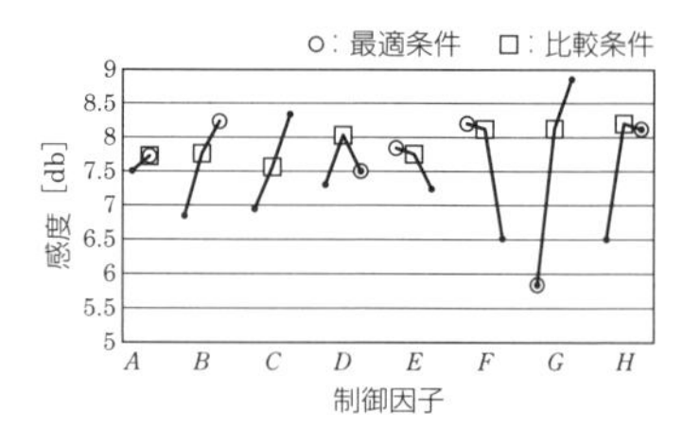


**図Ⅱ.2.4** 感度の要因効果図（モデル）[*3]

### (m) 利得の再現性を確認する確認実験の実施

(i)，(j)で得られた**利得**の**再現性**を確認するために，(l)で得られた最適条件と比較条件で直交表実験と同じように確認実験を実施し，表Ⅱ.2.11 のように整理する．再現性の確認は利得の差が 3[db] 以内を目安とすることが多いよう

---

*2 現行の条件がある場合は，現行の条件を比較条件とする．

*3 参考文献 3)，p.114 をもとに作成．

だが，業務内容などを考慮して判断する．利得の再現性が得られれば，パラメータ設計の第一段階が終了である．再現性が得られなければ，システムの機能，誤差因子，制御因子などパラメータ設計の実験計画内容，実験データの見直しなどを実施する．

**表Ⅱ.2.11**　確認実験の結果

| | SN 比 $\eta$ | | 感度 $S$ | |
|---|---|---|---|---|
| | 推定 | 確認 | 推定 | 確認 |
| 最適条件 | $\hat{\eta}_{\text{opt}}$ | $\eta_{\text{opt}}$ | $\hat{S}_{\text{opt}}$ | $S_{\text{opt}}$ |
| 比較条件 | $\hat{\eta}_{\text{cur}}$ | $\eta_{\text{cur}}$ | $\hat{S}_{\text{cur}}$ | $S_{\text{cur}}$ |
| 利　得 | $G_{(\text{推定})}$ | $G_{(\text{確認})}$ | $S_{(\text{推定})}$ | $S_{(\text{確認})}$ |
| 利得の差 | $G_{(\text{推定})}-G_{(\text{確認})}$ | | $S_{(\text{確認})}-S_{(\text{推定})}$ | |

opt：最適条件
cur：比較条件
^：推定

### (n)　目標値への調整の検討

最適条件が得られた後，システムの出力が目標値と合っているかどうかを検討し，合っていない場合はシステムの出力の値を目標値に合わせ込む作業，すなわち**チューニング**（**調整**）を行う．

チューニングには，SN 比と感度の要因効果図を使用する．感度の要因効果図から感度の大きさに影響を与える要因を探し出し，その要因が SN 比の変化に影響を与えないかどうかを確認する．つまり感度の変化に影響を与え，SN 比の変化に影響を与えない要因を探し出すということである．この作業は必ずしもねらいどおりには行かず，感度と SN 比の要因効果図を見比べることを繰り返すことになる．このような方針で図Ⅱ.2.3 及び図Ⅱ.2.4 を見ると要因 $C$ の場合，要因 $C$ の水準を変化させると感度が直線的に変化し，SN 比はほとんど変化しないことが分かる．したがって要因 $C$ の水準値を変えることで目標値に合わせ込む調整が可能と判断できる．

調整をすることによって最適条件の組合せが変わることがあり，最適条件の組合せが変わるような場合には，式(II.2.15)の水準値を変更し，それに合わせて推定値も変更する．

**【練習問題 II.2.1】**

自動車のブレーキを話題にブレーンストーミングを行ったところ，以下のような事柄が話題になった．これをシステムの入力，システムの出力，制御因子，誤差因子に分類しなさい．

A：タイヤの摩耗
B：ディスク板の大きさ
C：自動車が停止するまでの距離
D：タイヤの空気圧
E：ディスク板の材質
F：ブレーキペダルを踏む量
G：ブレーキパッドの材質
H：ブレーキキャリパーの大きさ
I：乗車人数
J：荷物の積載重量
K：気温
L：湿度
M：路面状況
N：ブレーキディスクの穴の数
O：ブレーキホースの材質

**【練習問題 II.2.2】**

要因 $A$（2 水準）と要因 $B$（3 水準）の水準ごとの SN 比の平均値が表のように得られている．要因効果図を描き，SN 比が大きくなる水準の組合せのときの SN 比の推定値を求めなさい．

| | 第 1 水準 | 第 2 水準 | 第 3 水準 |
|---|---|---|---|
| $A$ | 10.6 | 4.9 | − |
| $B$ | 8.1 | 7.7 | 7.7 |

**【練習問題Ⅱ.2.3】**

初速度 $V_0$，仰角 $\theta$ で打ち出される物体の到達距離 $L$ は空気抵抗を無視すれば以下の式で表される．$g$ は重力加速度 9.8 m/s$^2$ とする．

$$L=\frac{1}{g}v_0^{\,2}\sin 2\theta$$

初速度は 10, 20, 30 m/s，仰角は 10, 20, 30° と値を変えられるものとするが，初速度は ±1%，仰角は ±5% ばらつく．到達距離 $L$ を 25 m とするには，初速度 $v_0$ と仰角 $\theta$ はいくらであればよいか．ただし，到達距離のばらつきが小さければ目標値は 25 m に近ければよいものとする．

**第Ⅱ.2 章の参考文献**

1)　入門タグチメソッド，立林和夫，日科技連出版社，2004
2)　基礎から学ぶ品質工学，小野元久編著，日本規格協会，2013
3)　ベーシック品質工学へのとびら，田口玄一他，日本規格協会，2007

**第Ⅱ.3 章のねらい**

本章ではパラメータ設計の具体的な事例を読み解くことでパラメータ設計の進め方を学ぶ．定式化されたパラメータ設計の手順には書ききれない実際の問題があることを認識し，異分野の事例に触れてパラメータ設計の理解を深める．パラメータ設計の実験計画を自力で作れるようになることを目指す．

# Ⅱ.3　パラメータ設計の実例

ラッピング加工にパラメータ設計を適用した事例[1)]を使ってパラメータ設計の手順を説明する．

### (a) 業務内容の整理と目的の明確化

精密加工部品を製作する工程において切削加工，研削加工，ラッピング加工及びポリッシング加工で構成されることがある．切削加工及び研削加工は加工能率を確保しつつ形状精度を維持することが要求される．最終工程であるポリッシング加工には加工部品の高度な面精度が要求される．研削加工とポリッシング加工の間に位置付けられるラッピング加工には加工能率を維持しながら面精度を向上させることが要求されるが，研削加工と比較して圧倒的に加工効率が悪くかつポリッシング加工ほどの面精度を出すことができない．こうしたラッピング加工の特性は生産性低下の要因となっている．

ラッピング加工の加工メカニズムは遊離砥粒の微小な切削作用の集積によってなされることから複雑である．そのため最適な加工条件を見いだす作業は勘と経験によることが多く生産性の向上が進まない要因となっている．

このようなことからラッピング加工の最適条件を合理的に探索し，加工精度を向上させるとともに生産性の向上が求められている．

### (b) ラッピング加工とは

ラッピング加工の方式は揺動式ラッピングと振動式ラッピングに分けられる．またラップ液の使用の有無で湿式ラッピング，乾式ラッピングといった分け方もある．本事例では湿式の振動式ラッピングを採用しているので，ここでは振動式ラッピングの概略を説明するが，これ以降は単にラッピングと呼ぶことにする．

図Ⅱ.3.1 に示す振動式ラッピング装置のモデルにはラップと呼ばれる定盤が設置され，その上に被削材が置かれ，定盤と被削材の間に砥粒が懸濁したラップ液が注入される．被削材には圧力が加えられ回転と振動が与えられる．ラップ液中の遊離砥粒は被削材を微小に切削するので被削材面全体が加工除去される．ラッピングによる加工精度は平面度 1 μm 以下，面粗度 0.3 μm 以下，寸法精度 2 μm 以下程度が期待できる．

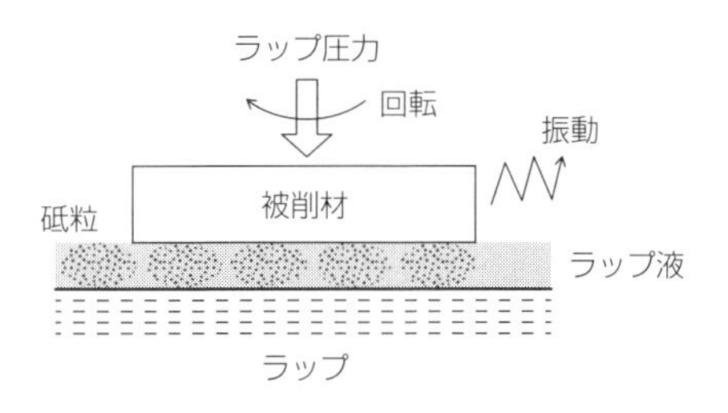


**図Ⅱ.3.1**　振動式ラッピング加工のモデル

### (c) ラッピングの機能の定義

ラッピングによって多くの除去量を得るためには，加工圧力を大きくし，加工時間を長く設定すればよく，ある一定時間までは，加工時間と加工量との間には比例関係が成立するとされている．そこで本事例ではラッピング加工の機能は加工時間と加工量との間に比例関係が成立することと定義した．

### (d) ラッピングの信号因子の水準と出力値の測定方法

ラッピングの信号因子（$M$）は加工時間であり，その水準値は表Ⅱ.3.1 に示す値とした．出力特性値（$y$）である加工量は被削材の加工前後の重量差とし，被削材重量は電子天秤で測定した.

**表II.3.1** ラッピングの信号因子の水準

単位 min

| 第1水準 | 第2水準 | 第3水準 |
|---|---|---|
| 3 | 6 | 9 |

### (e) 誤差因子の選定と水準の設定

ラッピングを行う被削材は一般に精度良く機械加工しておくが, 前加工として高い精度の機械加工を要求することはコスト高になるので, できればラフな機械加工で済ませたいところであり, 特に面粗さに指示値を与えるようなことは避けたい. 使用する砥粒径は, 指示したものであっても一定値ではなく分布を持っているのでユーザは制御しにくい値である. 以上のような理由によって, 本事例では, 誤差因子は表II.3.2に示すように, 被削材はステンレス鋼とソーダガラスとし, 被削材の初期表面粗さは, #400と#80研磨紙によって$Ry$≒1 μmと$Ry$≒10 μmに整えた.

**表II.3.2** 選定した誤差因子と水準

| | 第1水準 | 第2水準 |
|---|---|---|
| $N$：砥粒径 | 小 | 大 |
| $P$：被削材初期粗さ | $Ry1\mu m$ | $Ry10\mu m$ |
| $Q$：被削材種 | ステンレス鋼 | ソーダガラス |

### (f) 制御因子の選定と水準の設定

制御因子は, 直交表$L_{18}$に割り付けることを前提にして, 表II.3.3に示すような加工量に影響を与える要因を取り上げた.

### (g) 実験計画の確認と実験の実施

実験計画内容をチェックして実験を行い, 表II.3.4に示すような実験結果が得られた.

**表II.3.3**　ラッピングの制御因子

| 要　　因 | 第1水準 | 第2水準 | 第3水準 |
|---|---|---|---|
| $A$：砥粒材質 | アルミナ | カーボン | — |
| $B$：加工圧力(kPa) | 6 | 10 | 15 |
| $C$：回転数(rpm) | 2 | 3 | 4 |
| $D$：砥粒濃度(%) | 10 | 20 | 30 |
| $E$：ラップ材質 | 鋳物 | Sn | テフロン |
| $F$：ラップ形状 | # | ◎ | □ |
| $G$：活性剤材種 | 陽イオン系 | 陰イオン系 | 非イオン系 |
| $H$：活性剤濃度(%) | 0 | 1 | 2 |

**表II.3.4**　実験結果　直交表 $L_{18}$ の1行目

単位　mg

| 砥粒径 | 被削材 | 被削材種 | 信号因子 | | |
|---|---|---|---|---|---|
| 初期粗さ | | | 3 | 6 | 9 |
| $N_1$ | $P_1$ | $Q_1$ | 1 | 2 | 2 |
| | | $Q_2$ | 4 | 6 | 7 |
| | $P_2$ | $Q_1$ | 1 | 1 | 1 |
| | | $Q_2$ | 4 | 6 | 9 |
| $N_2$ | $P_1$ | $Q_1$ | 0 | 0 | 0 |
| | | $Q_2$ | 10 | 15 | 22 |
| | $P_2$ | $Q_1$ | 0 | 0 | 0 |
| | | $Q_2$ | 10 | 13 | 21 |

### (h)　SN比及び感度の計算

表II.3.4に示す実験結果を利用してSN比及び感度の計算過程を以下に示す．

有効除数 $r$

$$r = 3^2 + 6^2 + 9^2 = 126$$

線形式

$$L_1 = 1 \times 3 + 2 \times 6 + 2 \times 9 = 33$$

$$L_2 = 4 \times 3 + 6 \times 6 + 7 \times 9 = 111$$

$$L_3 = 1 \times 3 + 1 \times 6 + 1 \times 9 = 18$$

$$L_4 = 4 \times 3 + 6 \times 6 + 9 \times 9 = 129$$

$$L_5 = 0 \times 3 + 0 \times 6 + 0 \times 9 = 0$$

$$L_6 = 10 \times 3 + 15 \times 6 + 22 \times 9 = 318$$

$$L_7 = 0 \times 3 + 0 \times 6 + 0 \times 9 = 0$$

$$L_8 = 13 \times 3 + 13 \times 6 + 21 \times 9 = 297$$

全変動 $S_T$

$$S_T = 1^2 + 2^2 + \cdots + 13^2 + 21^2 = 1765$$

信号因子の効果による変動 $S_\beta$

$$S_\beta = \frac{1}{2 \times 2 \times 2 \times r}(L_1 + L_2 + L_3 + L_4 + L_5 + L_6 + L_7 + L_9)^2 = 814.3214$$

誤差因子 $N$ の影響による変動 $S_{N \times \beta}$

$$S_{N \times \beta} = \frac{1}{2 \times 2 \times r}[(L_1 + L_2 + L_3 + L_4)^2 + (L_5 + L_6 + L_7 + L_8)^2] - S_\beta = 104.1429$$

誤差因子 $P$ の影響による変動 $S_{P \times \beta}$

$$S_{P \times \beta} = \frac{1}{2 \times 2 \times r}[(L_1 + L_2 + L_5 + L_6)^2 + (L_3 + L_4 + L_7 + L_8)^2] - S_\beta = 0.321429$$

誤差因子 $Q$ の影響による変動 $S_{Q \times \beta}$

$$S_{Q \times \beta} = \frac{1}{2 \times 2 \times r}[(L_1 + L_3 + L_5 + L_7)^2 + (L_2 + L_4 + L_6 + L_8)^2] - S_\beta = 641.2857$$

誤差変動 $S_e$

$$S_e = S_T - S_\beta - S_{N \times \beta} - S_{P \times \beta} - S_{Q \times \beta} = 204.9286$$

SN 比 $\eta$

$$\eta = 10 \log \frac{S_\beta}{S_e + S_{N \times \beta} + S_{P \times \beta} + S_{Q \times \beta}} = -0.67238 \ [\mathrm{db}]$$

回帰直線の傾き $\beta$

$$\beta = \frac{L_1 + L_2 + L_3 + L_4 + L_5 + L_6 + L_7 + L_8}{2 \times 2 \times 2 \times r} = 0.89881$$

感度 $S$

$$S = 10\log\beta^2 = -0.92665\ [\mathrm{db}]$$

直交表 $L_{18}$ の 18 行数分の SN 比と感度を計算して整理すれば，表Ⅱ.3.5 のようになる．

**表Ⅱ.3.5**　SN 比と感度の計算結果

単位　db

| No. | SN 比 | 感度 | No. | SN 比 | 感度 |
|---|---|---|---|---|---|
| 1 | −0.6723 | −0.9266 | 10 | 1.8829 | −12.9105 |
| 2 | 3.3601 | −4.8156 | 11 | −0.3341 | 3.8088 |
| 3 | 6.1286 | −11.2510 | 12 | 0.8889 | −2.8504 |
| 4 | 2.9855 | −7.6042 | 13 | 4.4097 | −12.6849 |
| 5 | 2.2581 | −9.9391 | 14 | −0.2054 | 9.3946 |
| 6 | 1.1957 | 4.4833 | 15 | 1.9655 | −3.1796 |
| 7 | 0.7969 | 2.8595 | 16 | 0.6754 | −1.8354 |
| 8 | 0.0618 | −2.7080 | 17 | 9.0863 | −6.3902 |
| 9 | 4.8752 | −8.2479 | 18 | −0.4407 | 11.6309 |

**(i)　SN 比・感度の水準別平均と要因効果図の作成**

表Ⅱ.3.5 から各要因の SN 比と感度の水準別平均を求め，表Ⅱ.3.6 及び表Ⅱ.3.7 のように整理する．ここに，SN 比の水準別平均を計算する手順として $A_1$ の場合を示す．

**表Ⅱ.3.6**　SN 比の水準別平均

| 要因 | 第 1 水準 | 第 2 水準 | 第 3 水準 |
|---|---|---|---|
| $A$ | 2.3322 | 1.9920 | — |
| $B$ | 1.8756 | 2.1015 | 2.5091 |
| $C$ | 1.6797 | 2.3711 | 2.4355 |
| $D$ | 2.9843 | 1.8788 | 1.6231 |
| $E$ | 0.0566 | 1.6562 | 4.7735 |
| $F$ | 2.4950 | 2.0762 | 1.9150 |
| $G$ | 1.3033 | 3.0479 | 2.1351 |
| $H$ | 0.8425 | 2.3637 | 3.2801 |

**表Ⅱ.3.7**　感度の水準別平均

| 要因 | 第 1 水準 | 第 2 水準 | 第 3 水準 |
|---|---|---|---|
| $A$ | −4.2388 | −1.6685 | — |
| $B$ | −4.8242 | −3.2550 | −0.7819 |
| $C$ | −5.5170 | −1.7749 | −1.5691 |
| $D$ | −3.7566 | −2.6333 | −2.4712 |
| $E$ | 5.2084 | −3.8322 | −10.2373 |
| $F$ | −3.5128 | −2.0921 | −3.2561 |
| $G$ | −2.4008 | −3.3255 | −3.1347 |
| $H$ | −3.0055 | −3.2153 | −2.6403 |

要因 $A$ の第 1 水準の SN 比の平均値

$$\bar{\eta}_{A_1} = \frac{1}{9}(-0.6723 + \cdots + 4.8752) = -2.3322$$

SN 比と感度の水準別平均を図示すると図Ⅱ.3.2 のような SN 比及び感度の要因効果図が得られる．

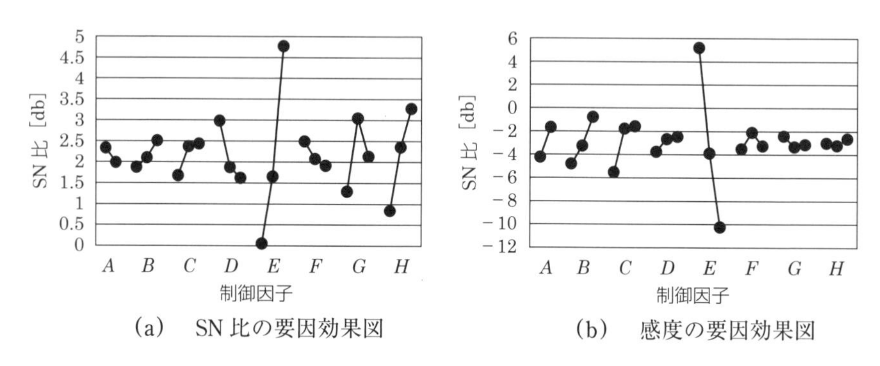


(a)　SN 比の要因効果図　　(b)　感度の要因効果図

**図Ⅱ.3.2**　SN 比及び感度の要因効果図

### (j) 最適条件の SN 比の推定

図Ⅱ.3.2 (a) に示す SN 比の要因効果図において，SN 比が大きくなる要因の水準の組合せから $\overline{A}_1\ \overline{B}_3\ \overline{C}_3\ \overline{D}_1\ \overline{E}_3\ \overline{F}_1\ \overline{G}_2\ \overline{H}_3$ を選定し最適条件 ($\eta_{opt}$) とする．比較条件 ($\eta_{cur}$) を $\overline{A}_2\ \overline{B}_2\ \overline{C}_2\ \overline{D}_2\ \overline{E}_2\ \overline{F}_2\ \overline{G}_2\ \overline{H}_2$ として最適条件と比較条件の SN 比の推定値及び SN 比の利得 $G$ を求めた．ただし，$\overline{T}$ は 18 個の SN 比の平均値である．また SN 比の最適条件のときの感度の値も同様にして推定する．

$$\eta_{opt} = \overline{A}_1 + \overline{B}_3 + \overline{C}_3 + \overline{D}_1 + \overline{E}_3 + \overline{F}_1 + \overline{G}_2 + \overline{H}_3 - 7\overline{T}$$
$$= 8.7230\ \text{[db]}$$

$$\eta_{cur} = \overline{A}_2 + \overline{B}_2 + \overline{C}_2 + \overline{D}_2 + \overline{E}_2 + \overline{F}_2 + \overline{G}_2 + \overline{H}_2 - 7\overline{T}$$
$$= 2.3528\ \text{[db]}$$

$$\mathrm{G} = \eta_{opt} - \eta_{cur} = 6.37\ \text{[db]}$$

### (k) 利得の再現性を確認する実験の実施及び実験結果の考察

SN 比の利得の再現性を確認するために，(j)に示した最適条件と比較条件で確認実験を行い，SN比と感度を求めて表Ⅱ.3.8に整理した．SN比の利得を推定値と確認値で比較すると利得差が1.26 [db]であるので，利得の再現性はほぼ得られていると判断した．

**表Ⅱ.3.8**　SN比と感度の推定値

| | SN比 [db] | | 感度 [db] | |
|---|---|---|---|---|
| | 推定値 | 確認値 | 推定値 | 確認値 |
| 比較条件 | 2.35 | 0.17 | −1.12 | 6.61 |
| 最適条件 | 8.72 | 5.28 | −9.39 | −6.83 |
| 利　　得 | 6.37 | 5.11 | −8.27 | −13.44 |

確認実験におけるSN比の利得が5.11 [db]であるということは，実験で採用した制御因子の組合せ（最適条件）により，ラッピングによって削り取られる量のばらつきは比較条件のばらつきと比べて約1/3に低減できるということである．ただし削り取られる量は比較条件と比べて約5/100になってしまうということである．実験の目的が生産性の向上であったから，目的を達成することはできないという結果である．

SN比と感度の要因効果図によれば要因$E$，すなわちラップ材質がSN比と感度の値に大きな影響を与えていることが分かる．ただし，要因$E$がSN比と感度に与える影響は異なることに注意しなければならない．要因$E$を第3水準にするとSN比の値は大きくなるが，感度の値は小さくなることが示されている．最適条件の選定では第3水準を採用してSN比が大きくなるようにしたが，感度の値は小さくなってしまっている．つまりラッピングの削り量を安定化しようとすると削り量は小さくなるということである．これは機械加工の一般的な知見に合うものであるが，実験目的に適わない厄介な結果である．このようにパラメータ設計の結果がねらいと異なることはよくあることである．

実験目的を達成するためには，後述のチューニングを検討することになる．例えば要因$B$の水準値を大きくすることを試してみる．要因$B$の水準値を大きくすると感度の値が大きくなると同時にSN比の値も大きくなることが期待できる，すなわち削り量のばらつきを抑えながら削り量の増加を図るということである．さらに直交表実験に使用しなかった制御因子を改めて採用し，再実験を検討するということも考えられる．この場合には，要因 $E$ は第 3 水準とし，例えば要因 $G$ や要因 $H$ の水準値を変えるとか他の要因と入れ替えるなどが考えられる．

**第 II. 3 章の参考文献**

1) 振動式ラッピング加工条件の最適化，小野元久ほか，品質工学，Vol.7，No.2，1999

## II. 入門編　練習問題・解答例

### II.1.2

**【問】** 機能性評価について述べた以下の文章の中で誤っているものはどの文章か.

(a) 機能性評価における評価の観点は SN 比であり，評価の基準は SN 比の利得の大きさである.

(b) 機能性評価は効率，スペックなどの評価項目を多数取り上げて実施する手法であり，SN 比は評価項目の一つである.

(c) 機能性評価における誤差因子の役割は，システムの弱点を顕在化することである.

**【答】** (b)

機能性評価における評価項目は SN 比だけである.

### II.1.3

**【問】** 二つの SN 比（$\eta_1, \eta_2$）の利得 $G$ は $\eta_1'/\eta_2' = 10^{G/10}$ と変形できることを確かめなさい.

**【答】** 対数の性質を利用して指数表現に変換すればよい.

$$G = 10 \log \eta_1' - 10 \log \eta_2' = 10 \log \eta_1'/\eta_2'$$

$$\eta_1'/\eta_2' = 10^{G/10}$$

### II.1.4

**【問】** 装置に組み込む DC モータの良否判定を製造現場の技術者が通電時の回転騒音を聞いて行っているが，必ずしも満足できる結果が得られていない．この良否判定法を改善するための手段として，以下の計測特性が検討対象になった．望ましい計測特性はどれか.

(a) モータの回転数

(b) モータが回転しているときの電流波形

(c) モータの電力

【答】 (c)

DC モータは電気エネルギーを機械的エネルギーに変換する機械であるが，このような機械は消費電力を計測するのが望ましいとされている．

## Ⅱ.1.5

【問】 家庭用の石油ポンプのモータの消費電力を計測したところ，図のような波形データが得られた．SN 比を求めるためには，得られている波形からどのようなデータを抽出するのが望ましいか．四つの中から選びなさい．

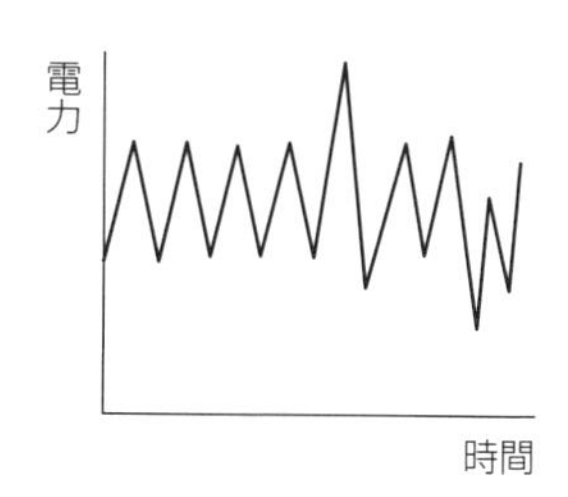


(a) 突発で発生した大きな値を除いたデータを使う．

(b) 最大値と最小値を使う．

(c) 全データを使う．

(d) 平均値を使う．

【答】 (c)

SN 比を求めるためのデータとして時系列データを使うときは，突発的に発生するデータを除いたり，最大・最小値だけを使うということは望ましくないとされている．これ以外のデータを捨ててしまうことになるからである．平均値も結果としては捨ててしまうデータが非常に多いので同様に望ましくない．SN 比はデータのばらつきを表す特性値なので，データを捨ててしまうということは SN 比の精度を悪くしてしまうことである．つまり全データを使うことが望ましい．

**【練習問題 II.1.1】**

紙コプターはパラメータ設計を学ぶときの教具として各所で使用され，参考文献に示すような検討が行われている．各文献によって機能の表現や誤差因子が異なっているようである．各文献に当たってその違いを整理しなさい．

**【解答例】**

本練習問題を通して様々な情報を整理することでパラメータ設計の理解を深めることを期待する．

具体的な解答例は省略する．

**【練習問題 II.2.1】**

自動車のブレーキを話題にブレーンストーミングを行ったところ，以下のような事柄が話題になった．これをシステムの入力，システムの出力，制御因子，誤差因子に分類しなさい．

A：タイヤの摩耗
B：ディスク板の大きさ
C：自動車が停止するまでの距離
D：タイヤの空気圧
E：ディスク板の材質
F：ブレーキペダルを踏む量
G：ブレーキパッドの材質
H：ブレーキキャリパーの大きさ
I：乗車人数
J：荷物の積載重量
K：気温
L：湿度
M：路面状況
N：ブレーキディスクの穴の数
O：ブレーキホースの材質

**【解答例】**

システムの入力：F

システムの出力：C

B, E, G, H, N, O：制御因子

A, D, I, J, K, L, M：誤差因子

自動車のブレーキは比較的身近な話題と思う．身近な話題を通して品質工学に関わるテーマを議論することを勧めたい．

**【練習問題Ⅱ.2.2】**

要因 $A$（2水準）と要因 $B$（3水準）の水準ごとのSN比の平均値が表のように得られている．要因効果図を描き，SN比が大きくなる水準の組合せのときのSN比の推定値を求めなさい．

|  | 第1水準 | 第2水準 | 第3水準 |
|---|---|---|---|
| $A$ | 10.6 | 4.9 | − |
| $B$ | 8.1 | 7.7 | 7.7 |

**【解答例】**

SN比が大きくなる要因の水準の組合せ　$A_1B_1$　推定値＝10.9

SN比が小さくなる要因の水準の組合せ　$A_2B_3$　推定値＝4.8

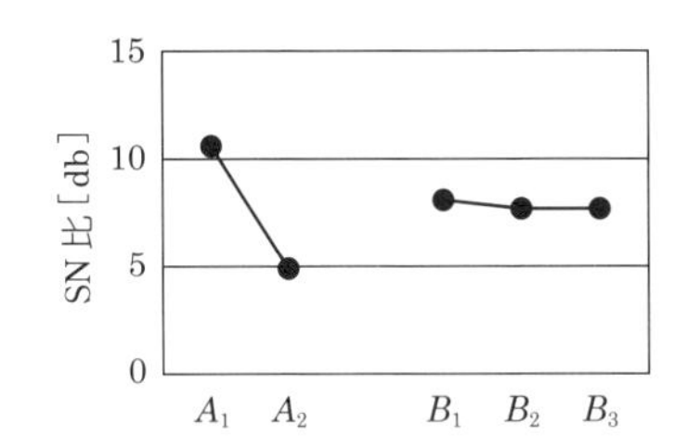


**【練習問題Ⅱ.2.3】**

初速度 $V_0$，仰角 $\theta$ で打ち出される物体の到達距離 $L$ は空気抵抗を無視すれば以下の式で表される．$g$ は重力加速度 9.8 m/s$^2$ とする．

$$L=\frac{1}{g}v_0^2\sin 2\theta$$

初速度は 10, 20, 30 m/s，仰角は 10, 20, 30°と値を変えられるものとするが，初速度は±1%，仰角は±5%ばらつく．到達距離 $L$ を 25 m とするには，初速度 $v_0$ と仰角 $\theta$ はいくらであればよいか．ただし，到達距離のばらつきが小さければ目標値は 25 m に近ければよいものとする．

**【解答例】**

初期値 $V_0 = 10 \sim 30$ m/s と $\theta = 10 \sim 30°$ にそれぞれのばらつきを適用して到達距離を求めると表 a のようになる.

到達距離の目標値が与えられているので，到達距離のばらつきは望目特性 SN 比を計算すると，表 a の右から 2 列目，到達距離は右 1 列目となる.

表 a から初速度と仰角の水準別平均を求めると表 b のようになる.

表 b から要因効果図を描くと図 a のようになる.

**表 a**

| | | | $\Delta\theta$ | −0.05 | | 0.05 | | SN 比 [db] | 平均到達距離 (m) |
|---|---|---|---|---|---|---|---|---|---|
| | | | $\Delta V_0$ | −0.01 | 0.01 | −0.01 | 0.01 | | |
| $V_0$ | 10 | $\theta$ | 10 | 3.26 | 3.39 | 3.58 | 3.73 | 25.78 | 3.49 |
| | | | 20 | 6.16 | 6.41 | 6.69 | 6.97 | 26.7 | 6.56 |
| | | | 30 | 8.39 | 8.73 | 8.91 | 9.27 | 28.88 | 8.83 |
| | 20 | | 10 | 13.02 | 13.56 | 14.34 | 14.92 | 25.68 | 13.96 |
| | | | 20 | 24.63 | 25.63 | 26.77 | 27.86 | 26.71 | 26.22 |
| | | | 30 | 33.55 | 34.92 | 35.64 | 37.1 | 28.81 | 35.3 |
| | 30 | | 10 | 29.3 | 30.5 | 32.26 | 33.57 | 25.68 | 31.41 |
| | | | 20 | 55.42 | 57.68 | 60.23 | 62.69 | 26.71 | 59.01 |
| | | | 30 | 75.49 | 78.57 | 80.2 | 83.47 | 28.81 | 79.43 |
| 総平均 $\overline{T}_{\mathrm{bar}}$ | | | | | | | | 27.08 | 29.36 |

**表 b**

| $v_0$ | SN 比 | 到達距離 | $\theta$ | SN 比 | 到達距離 |
|---|---|---|---|---|---|
| 10 | 27.12 | 6.29333 | 10 | 25.713 | 16.287 |
| 20 | 27.066667 | 25.16 | 20 | 26.707 | 30.597 |
| 30 | 27.066667 | 56.6167 | 30 | 28.833 | 41.187 |

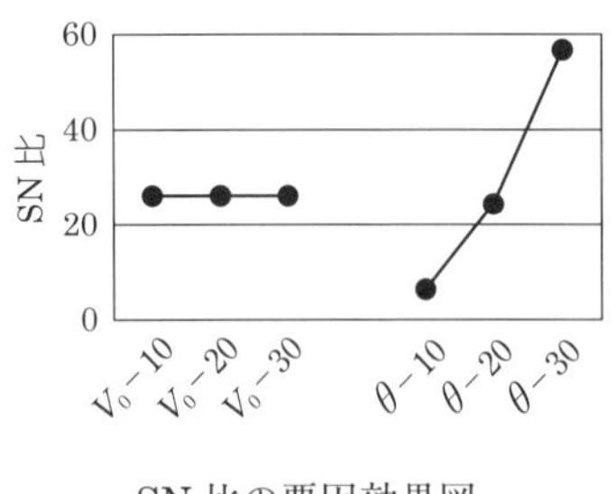


SN 比の要因効果図

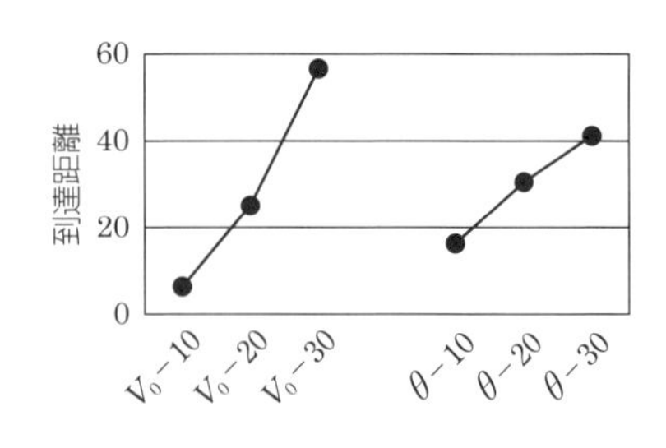


感度の要因効果図

**図 a**

SN 比の要因効果図から初速度は 10〜30 m/s では変化しない．仰角は 30° で SN 比最大になる．したがって，到達距離がばらつかない初速度と仰角の組合せ（最適条件）は $v_0 = 10$，$\theta = 30°$．

最適条件のときの SN 比と到達距離の推定値は以下のとおり．

SN 比 = 27.12 + 28.833 − 27.08 = 28.873 [db]

到達距離 = 6.29333 + 41.187 − 29.36 = 18.12 (m)

比較のために $v_0 = 30$，$\theta = 10$ として SN 比と到達距離の推定値は以下のとおり．

SN 比 = 27.066667 + 25.713 − 27.08 = 25.699 [db]

到達距離 = 56.6167 + 16.287 − 29.36 = 43.5437 (m)

したがって，SN 比の利得は 3.174 [db]，到達距離差は 25.43 (m) となる．

いずれにしても目標距離にはほど遠いので，チューニングの必要がある．

# Ⅲ. 実践編

“実践編”は“準備編”を経て“入門編”を終了したことを前提としている.“入門編”では機能性評価とパラメータ設計を使いこなし，独力で計画・実行するために必要な事項を取り上げた.

品質工学の手法を使いこなすためには書籍やセミナーなどの利用に加えて数多くの実践経験を重ねることが望ましい. ここで問題になることは，書籍やセミナーから得られる知識は同じテーマであっても言うまでもないことであるが，書籍であれば記述内容，セミナーであれば説明の仕方・内容などが同じとは限らないことである. アドバイザーからの情報もしかりである. 特に書籍に限って言えば，取り上げた事項・内容は，自己主張である. 本書の内容も例外ではない. したがって“実践編”を展開するようなレベルにある読者は，様々な情報を正しく読み取る力を身に付けるべきである. そのためには，功を焦らず地道に実践していく以外に道はないかもしれない.

ただ，一つ言えることは，読者の諸氏はいわゆる専門とする分野の情報だけに頼るのではなく，異なる分野の技術や考え方を積極的に取り入れることが技術力向上の糧になるに間違いない. これは品質工学を理解するために必要なこととして一般化されていると言って過言ではない.

**第Ⅲ.1章のねらい**

“準備編”ではSN比を定義して機能性評価，パラメータ設計で主に使用されるゼロ点比例のSN比を学んだ．ただ技術課題の内容次第では必ずしもゼロ点比例のSN比だけでことが済むわけではないので，種々のSN比を使えるようになっていることが望ましい．

ここでは，ゼロ点比例のSN比を基本として準動特性と言うべき動特性とみなすSN比，静特性のSN比など多様なSN比を知って品質工学の理解を深め幅広く技術課題に対応できるようになることを目指す．

# Ⅲ.1　動特性とみなすSN比[1), 2)]

## 1.1　望目特性のSN比

動特性のSN比は，図Ⅲ.1.1に示すようにシステムに入力（$M$）と出力（$y$）があって入出力の関係を$y=\beta M$と表現した場合，誤差因子の影響を受けてシステムの出力がばらついたときのばらつきの大きさを表現するものであった．

一方，図Ⅲ.1.1に示すようにシステムに水準値を変化させない特定の入力（$M_m$）による出力（$y$）があり，このシステムの入出力の関係を$y=m$と表現

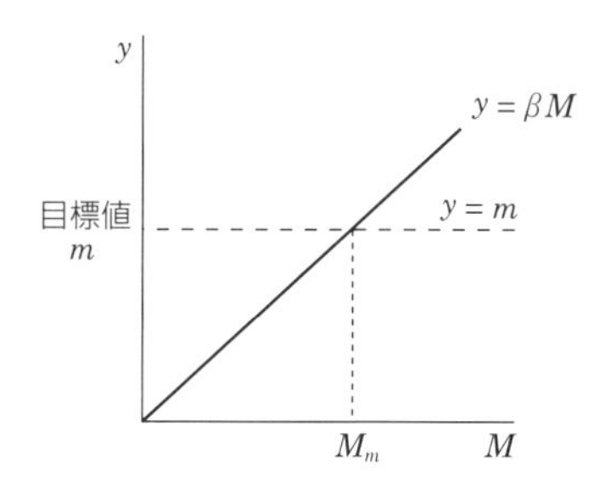


**図Ⅲ.1.1**　動特性と望目特性のイメージ

して動特性の一部と考えることにする．システムが誤差因子の影響を受けてシステムの出力がばらつくときのSN比を**望目特性のSN比**[*1]と表現する．

### (1) データのタイプごとに分類する望目特性のSN比

#### (a) 誤差因子が1要因で実験の繰返しがある場合

誤差因子が1要因で実験を繰り返し行う場合のデータは表Ⅲ.1.1のように表せる．この場合の2乗和の分解とSN比は以下に示すとおりである．

**表Ⅲ.1.1** 誤差因子が1要因で実験の繰返しがある場合のデータセット

| | 1 | 2 | ⋯ | $n$ | $Y$ |
|---|---|---|---|---|---|
| $N_1$ | $y_{11}$ | $y_{12}$ | ⋯ | $y_{1n}$ | $Y_1$ |
| $N_2$ | $y_{12}$ | $y_{22}$ | ⋯ | $y_{2n}$ | $Y_2$ |
| ⋮ | ⋮ | ⋮ | ⋮ | ⋮ | ⋮ |
| $N_k$ | $y_{k2}$ | $y_{k2}$ | ⋯ | $y_{kn}$ | $Y_k$ |

$Y$：各行のデータの和

全変動 $S_T$

$$S_T = y_{11}{}^2 + y_{12}{}^2 + \cdots + y_{kn}{}^2 \tag{Ⅲ.1.1}$$

平均変動 $S_m$

$$S_m = \frac{1}{kn}(y_{11} + y_{12} + \cdots + y_{kn})^2 \tag{Ⅲ.1.2}$$

行ごとのデータの和 $Y_i$

$$\left.\begin{aligned} Y_1 &= y_{11} + y_{12} + \cdots + y_{1n} \\ Y_2 &= y_{21} + y_{22} + \cdots + y_{2n} \\ &\vdots \\ Y_k &= y_{k1} + y_{k2} + \cdots + y_{kn} \end{aligned}\right\} \tag{Ⅲ.1.3}$$

誤差因子 $N$ の影響による変動 $S_N$

$$S_N = \frac{1}{n}(Y_1{}^2 + Y_2{}^2 + \cdots + Y_k{}^2) - S_m \tag{Ⅲ.1.4}$$

---

[*1] 望目特性は一般に後述の静特性に分類されている．見方を変えて図Ⅲ.1.1に示したように動特性の一部分と考えると，2乗和の分解による各変動は動特性の場合と対応性がよいことから動特性に分類した．

誤差変動 $S_e$

$$S_e = S_T - S_m - S_N \quad (Ⅲ.1.5)$$

望目特性のSN比

$$\eta = 10\log_{10}\frac{S_m}{S_N + S_e} \quad (Ⅲ.1.6)$$

望目特性の感度

$$S = 10\log \overline{y}^2 \quad (Ⅲ.1.7)$$

ここに，$\overline{y}$：全データの平均値

### (b) 誤差因子が2要因の場合

**表Ⅲ.1.2**　誤差因子が2要因の場合のデータセット

| | $O_1$ | $O_2$ | $\cdots$ | $O_n$ | $Y_N$ |
|---|---|---|---|---|---|
| $N_1$ | $y_{11}$ | $y_{12}$ | $\cdots$ | $y_{1n}$ | $Y_{N_1}$ |
| $N_2$ | $y_{12}$ | $y_{22}$ | $\cdots$ | $y_{2n}$ | $Y_{N_2}$ |
| $\vdots$ | $\vdots$ | $\vdots$ | $\vdots$ | $\vdots$ | $\vdots$ |
| $N_k$ | $y_{k_1}$ | $y_{k_2}$ | $\cdots$ | $y_{k_n}$ | $y_{N_k}$ |
| $Y_O$ | $y_{O_1}$ | $y_{O_2}$ | $\cdots$ | $y_{O_k}$ | $Y$ |

$Y_N$：各行の和　$Y_O$：各列の和　$Y$：総和

全変動 $S_T$

$$S_T = y_{11}^2 + y_{12}^2 + \cdots + y_{kn}^2 \quad (Ⅲ.1.8)$$

平均変動 $S_m$

$$S_m = \frac{1}{nk}(y_{11} + y_{12} + \cdots + y_{nk})^2 \quad (Ⅲ.1.9)$$

誤差因子 $N$ の影響による変動 $S_N$

$$S_N = \frac{1}{n}(Y_{N_1}^2 + Y_{N_2}^2 + \cdots + Y_{N_k}^2) - S_m \quad (Ⅲ.1.10)$$

誤差因子 $O$ の影響による変動 $S_O$

$$S_O = \frac{1}{k}(Y_{O_1}^2 + Y_{O_2}^2 + \cdots + Y_{O_n}^2) - S_m \quad (Ⅲ.1.11)$$

誤差変動 $S_e$

$$S_e = S_T - S_m - S_N - S_O \quad (Ⅲ.1.12)$$

望目特性のSN比 $\eta$

$$\eta = 10\log_{10}\frac{S_m}{S_N + S_O + S_e} \quad (Ⅲ.1.13)$$

望目特性の感度 $S$

$$S = 10 \log \overline{y}^2 \quad (\text{Ⅲ}.1.14)$$

**【例Ⅲ.1.1】 複写機用ローラの塗装工程** [3)]

複写機では用紙上に載せられたトナーを加熱ローラーと加圧ローラーによって定着する工程がある．このローラーには非粘着性と表面の均一性を保ったフッ素樹脂が塗装されている．塗装されるフッ素樹脂の膜厚の目標値は 18±5μm である．安定な膜厚を確保するためにローラーの塗装工程の最適化が行われた．塗装工程条件の最適化に当たっては，2 要因の誤差因子が設定され，膜厚の目標値が決まっていることから望目特性の SN 比が適用された．

**(2) ゼロ望目特性の SN 比**

目標値がゼロであり，特性値がプラス・マイナス双方の値を取り得る場合の SN 比は**ゼロ望目特性の SN 比**である．SN 比の定義は有効成分と無効成分との比であるが，ゼロ望目特性の場合，目標値がゼロなので望目特性における $S_m$ に相当する成分及び $S_e$ に相当する成分は考えない．そこで，便宜的に有効成分に相当する成分は 1，無効成分に相当する成分は $S_e$ をデータ数 $n$ で正規化した値をもってあてることにする．

$$\eta = 10 \log_{10} \frac{1}{S_e / n} \quad (\text{Ⅲ}.1.15)$$

**【例Ⅲ.1.2】 シリコンウェハのポリッシング加工** [4)]

ポリッシング加工は超 LSI 用の Si や GaAs のウェハの表面を表面粗さ数 nm$R$max 以下の鏡面に仕上げる加工技術である．砥粒を懸濁したポリッシング液をウェハ表面上に加えながら軟質なポリッシャーで回転と加圧による機械的エネルギーを加えて微小除去加工を実現する．

図Ⅲ.1.2 に示すように加工後にはウェハが理想面に対して両方向に変形する可能性があることから，ポリッシング加工条件を最適化するためにパラメータ設計が適用された．加工後の変形はゼロが望ましいことから，ゼロ望目特性の

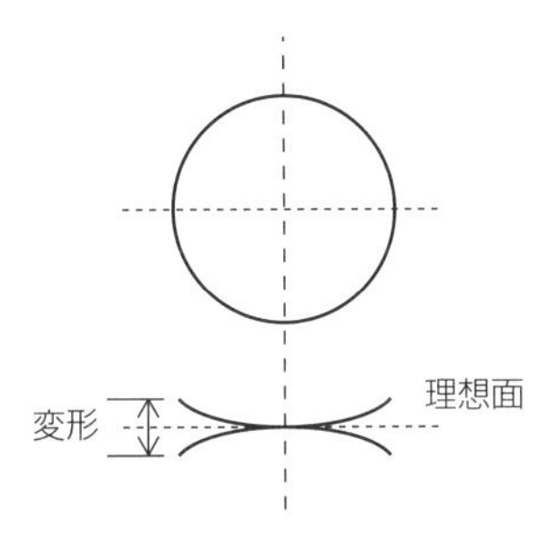


**図Ⅲ.1.2**　加工後のウェハの変形のイメージ

SN比で評価された.

## 1.2　基準点比例のSN比

動特性のSN比の説明では，システムの機能はゼロ点比例式が前提となっているが，技術内容次第では，システムの機能は必ずしもゼロ点比例式とは限らない．入力と出力が比例関係にあっても直線が座標の原点を通らない技術もあり，このようなシステムに関わるSN比は**基準点比例式のSN比**と呼ばれている．基準点比例式では，座標変換をしてゼロ点比例式に持ち込むことでゼロ点比例のSN比と同じSN比を求めることができる.

ここで，表Ⅲ.1.3に示すようなデータセットを仮定する．3水準の信号のどこかの値を座標の原点，すなわち基準点として原点を通るゼロ点比例式とみなす．基準点は原点を移動する座標変換を行って得られる新たな原点である．基準点は技術の内容・課題によってその都度異なり，誤差を小さくしたい出力やよく使われる出力の近くの信号の値などを使う．すなわち，座標変換は図Ⅲ.1.3に示すようなイメージである.

**表Ⅲ.1.3**　基準点比例式のSN比のための
データセット例

| | $M_1$ | $M_2$ | $M_k$ |
|---|---|---|---|
| $N_1$ | $y_{11}$ | $y_{12}$ | $y_{1k}$ |
| $N_2$ | $y_{21}$ | $y_{22}$ | $y_{2k}$ |

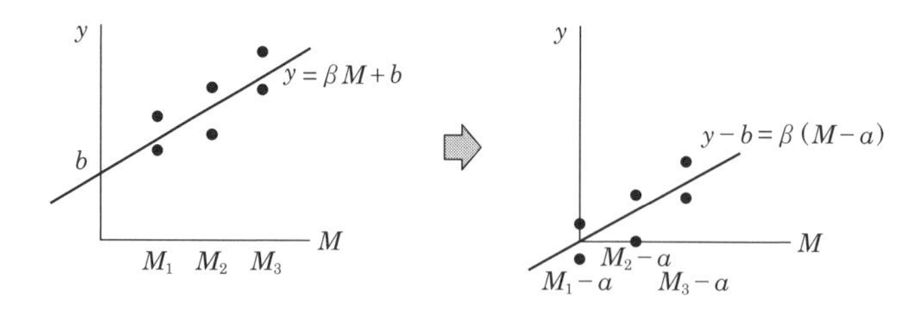


**図Ⅲ.1.3**　基準点比例のイメージ

仮に信号 $M_1$ を基準点とし，基準点変換の補正値を信号 $M_1$ でのデータの平均値とすれば，データの補正値 $a$ は，式(Ⅲ.1.16)のようになる．

$$a = \frac{y_{11} + y_{21}}{2} \qquad (Ⅲ.1.16)$$

この補正値を使ってデータの変換を行うと表Ⅲ.1.4 のようになる．基準点比例式の SN 比は，このように変換したデータを使ってゼロ点比例式の SN 比を求めればよい．

**表Ⅲ.1.4**　基準点変換後のデータセット

| | $M_1-M_1$ | $M_2-M_1$ | $M_3-M_1$ |
|---|---|---|---|
| $N_1$ | $y_{11}-a$ | $y_{12}-a$ | $y_{13}-a$ |
| $N_2$ | $y_{21}-a$ | $y_{22}-a$ | $y_{23}-a$ |

**【例Ⅲ.1.3】　基準点変換の例－バイメタル** [5)]

バイメタルは線膨張係数が異なる 2 枚の金属を貼り合わせた金属板である．バイメタルは図Ⅲ.1.4 に示すような片持ちはりのモデルで示すことができる．バイメタルの周囲温度が上昇すると線膨張係数が大きい下側がより伸びるため図のように上側に変形する．片持ちはりの自由端と▲との間がスイッチの接点と考えれば周囲温度の変化によって回路が ON－OFF するスイッチができる．

図Ⅲ.1.4 の上側の状態を基準温度と考えれば，温度上昇と片持ちはりの自由端の変位が比例するゼロ点比例式が成立すると考えられる．

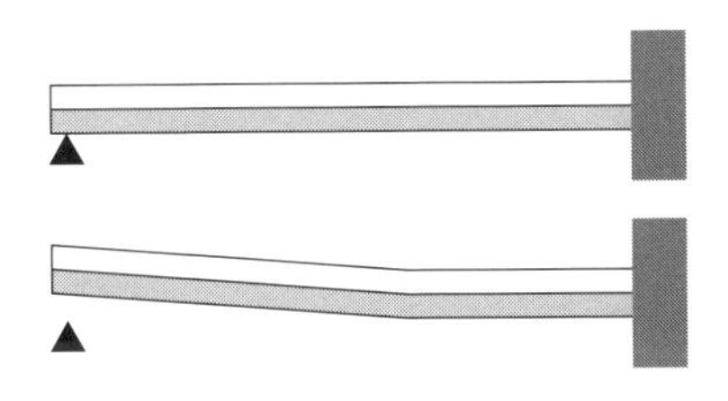

**図Ⅲ.1.4**　バイメタルのモデル

**【問】**　基準点比例式の SN 比で評価できるシステムをあげなさい．

**【練習問題Ⅲ.1.1】**

表に示すデータの SN 比を求めなさい．

| 誤差因子＼信号因子 | 6 | 11 | 16 | 21 |
|---|---|---|---|---|
| $N_1$ | 6.2 | 11.3 | 16.4 | 21.1 |
| $N_2$ | 4.9 | 10.0 | 15.4 | 20.2 |

## 1.3　システムの機能が非線形の場合の SN 比

動特性の SN 比を適用するシステムの機能は，ゼロ点比例式，つまり入出力の関係は線形であった．一方，技術の内容としては必ずしも線形とは限らない非線形の場合も数多くある．入出力の関係が非線形の場合の SN 比を**標準 SN 比**と呼んでいる．

標準 SN 比を求めるためのデータセットを表Ⅲ.1.5 に示す．標準条件での出力（$N_0$）と誤差因子 $N_1$，$N_2$ のときの出力値が示されている．誤差因子 $N_1$，

**表Ⅲ.1.5**　データセット例

|  | $M_1$ | $M_2$ | … | $M_k$ |
|---|---|---|---|---|
| $N_0$ | $y_{01}$ | $y_{02}$ |  | $y_{0k}$ |
| $N_1$ | $y_{11}$ | $y_{12}$ | … | $y_{1k}$ |
| $N_2$ | $y_{21}$ | $y_{22}$ | … | $y_{2k}$ |

$N_2$のときの入出力の関係は図Ⅲ.1.5に示すように非線形である．標準条件での出力あるいは$N_1$と$N_2$のときの出力値の平均を新たな信号とする．このときの信号の記号を$M_i^*$とし，平均値$\overline{y_i}$を信号の水準値とすれば，表Ⅲ.1.5のデータセットは表Ⅲ.1.6のようになり，これを図示すると図Ⅲ.1.5は図Ⅲ.1.6のように見かけ上入力と出力は線形になる．標準SN比は，表Ⅲ.1.6に示したデータを使ってゼロ点比例のSN比と同様の計算をすればよい．

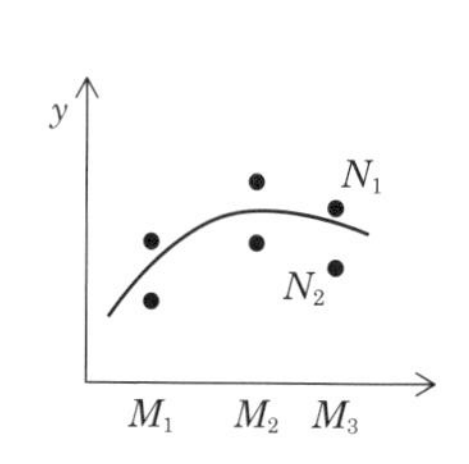


**図Ⅲ.1.5**　非線形な入出力の関係

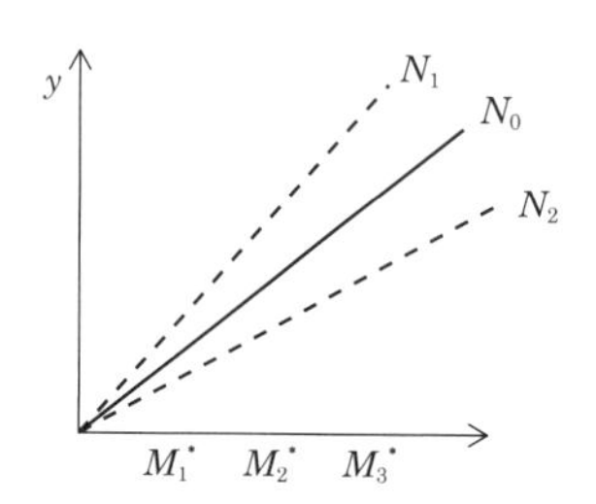


**図Ⅲ.1.6**　$N_0$を信号にしたときの入出力の関係

**表Ⅲ.1.6**　平均値を信号にしたときのデータセット

| $M_i^*(N_0)$ | $M_1^*(\overline{y}_{01})$ | $M_1^*(\overline{y}_{02})$ | … | $M_k^*(\overline{y}_{0k})$ |
|---|---|---|---|---|
| $N_1$ | $y_{11}$ | $y_{12}$ | … | $y_{1k}$ |
| $N_2$ | $y_{21}$ | $y_{22}$ | … | $y_{2k}$ |

$N_0$：$N_1$と$N_2$のデータの平均
$\overline{y}_{01}=(y_{11}+y_{21})/2$

**【例Ⅲ.1.4】**

表Ⅲ.1.7に示すモデル実験データは図示すると図Ⅲ.1.7のように非線形だが，$N_1$と$N_2$の各データの平均値［$N_0=(18+24)/2=21$］を新たな信号として信号$M$と入れ替えると，図Ⅲ.1.7は図Ⅲ.1.8のようになり，入力と出力は見かけ上線形になる．

**表Ⅲ.1.7**　実験データ

| | $M_1$ | $M_2$ | $M_3$ | $M_4$ | $M_5$ | $M_6$ | $M_7$ |
|---|---|---|---|---|---|---|---|
| | 20 | 30 | 40 | 50 | 60 | 70 | 80 |
| $N_0$ | 21 | 31 | 35 | 39 | 41.5 | 39 | 32 |
| $N_1$ | 18 | 28 | 32 | 36 | 38 | 36 | 28 |
| $N_2$ | 24 | 34 | 38 | 42 | 45 | 42 | 36 |

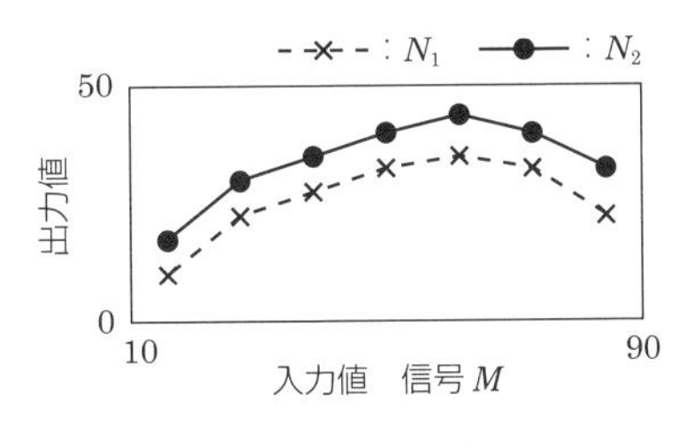


**図Ⅲ.1.7**　モデル実験データ

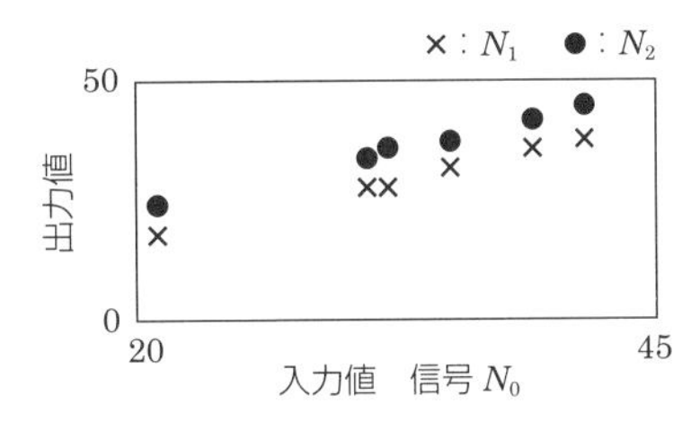


**図Ⅲ.1.8**　$N_0$を信号にしたときの入出力の関係

**【問】**　入力と出力の関係が非線形になっている技術の例をあげなさい.

**【練習問題Ⅲ.1.2】**

表に示すデータのSN比と感度を求めなさい.

| 誤差因子＼信号因子 | 4 | 8 | 14 | 22 |
|---|---|---|---|---|
| $N_1$ | 124 | 60 | 36 | 30 |
| $N_2$ | 112 | 45 | 23 | 15 |

## 1.4　静特性のSN比

### (1)　望小特性のSN比

値が小さいほど良い特性であり，負の値を取らない場合のSN比が**望小特性のSN比**である．望小特性は有効成分・無効成分ともに小さいほうがよいことから有効成分・無効成分に相当する成分がない．そこで便宜的に有効成分に相当する成分は 1，無効成分に相当する成分はデータ $y$ の 2 乗和をデータ数 $n$ で正規化した量をあてることにする．

$$\eta = 10\log_{10}(y_1^2 + y_2^2 + \cdots + y_n^2)/n \qquad (\text{Ⅲ}.1.17)$$

**(2) 望大特性の SN 比**

値が大きいほど良い特性であり，負の値を取らない場合の SN 比が**望大特性の SN 比**である．望大特性の SN 比も望小特性の SN 比と同様に有効成分・無効成分に相当する成分がない．そこで便宜的にデータ $y$ の逆数を 2 乗した値の総和をデータ数で正規化した量をあてることにする．

$$\eta = 10\log_{10}\frac{1}{n}\left(\frac{1}{y_1^2} + \frac{1}{y_2^2} + \cdots + \frac{1}{y_n^2}\right) \qquad (\text{Ⅲ}.1.18)$$

**(3) 割合で表されているデータの SN 比**

機能性評価並びにパラメータ設計では動特性の SN 比で評価することが基本であり，静特性のように品質特性と呼ばれるデータを使って SN 比を求めて機能性評価やパラメータ設計を進めることは望ましくない．一方，様々な事情で品質特性を使って評価せざるを得ないこともある．

3 要因 $A, B, C$ があって，それぞれ 2 水準設定されており，品質特性である不良率が計測値であると仮定する．この要因を多元配置に割り付けて実験するならば，3 要因 2 水準であるから $\overline{A}_1\ \overline{B}_1\ \overline{C}_1$ のような要因とその組合せの総数は 8 通り（$2^3$ 通り）となる．この実験計画に従って不良率を計測し，例えば，$\overline{A}_1\ \overline{B}_1\ \overline{C}_1$ の組合せによれば不良率が小さくなることが分かったので，この条件のときの不良率を以下のように推定することにする．

$$\begin{aligned}\mu &= \overline{T} + (\overline{A}_1 - T) + (\overline{B}_1 - T) + (\overline{C}_1 - T)\\ &= \overline{A}_1 + \overline{B}_1 + \overline{C}_1 - 2\overline{T}\end{aligned}$$

ただし，$\overline{T}$ は計測した不良率（8 個）の平均値である．仮の値として $\overline{A}_1 = 2.5\%$，$\overline{B}_1 = 2\%$，$\overline{C}_1 = 3\%$，$\overline{T} = 8\%$ とすれば不良率の推定値 $\mu$ は $-8.5\%$ とマイナスの値の不良率となり，あり得ない結果となってしまう．割合で表された不良率のようなデータを使うとこのようなことが起こり得る．これは不良率が 0% から 100% の間にあって，加法性が成り立たないからである．加法性が成り立つためには，データは $-\infty$ から $+\infty$ に存在しなければならない．割合で表された不良率データ $p$ は，次式のように変換することで加法性を確保できる．この変換は**オメガ変換**[2),6)]と呼ばれている．

$$p' = -10\log\left(\frac{1}{p} - 1\right) \quad [\mathrm{db}] \tag{Ⅲ.1.19}$$

## 【コラムⅢ.1】評価特性のまとめ

対象とする技術の内容を評価する場合，対象をシステムとしてシステムの出力のばらつきを SN 比で表現する．出力のタイプによって SN 比の表現が変わることを説明してきたが，理解を進めることと SN 比を使うときの便宜を図るために一覧表を作成した．

評価特性の分類に当たっては一般と異なっていることに注意して欲しい．標準 SN 比はシステムの入出力の関係が非線形の場合であるが，入力を変換した後はゼロ点比例と同じ形になるので動特性とした．望目特性及びゼロ望目特性

**表Ⅲ.1.c1**　評価特性のまとめ

<table>
<tr><td>動特性の SN 比</td><td>ゼロ点比例の SN 比</td><td>$y = \beta M$　$M$：入力(信号)，$y$：出力値</td></tr>
<tr><td rowspan="5">システムの入出力が関数で表される</td><td>望目特性の SN 比</td><td>$y = m$　$m$：目標値<br>ゼロ点比例の特殊な場合．</td></tr>
<tr><td>ゼロ望目特性の SN 比</td><td>$y = m$　$m$：目標値はゼロ<br>特性値は正負の値をとる．<br>望目特性の特殊な場合．</td></tr>
<tr><td>基準点比例の SN 比</td><td>$y - y_0 = \beta(M - M_0)$　$M_0$：基準点<br>$y_0$：$M_0$ のときの出力値<br>基準点変換をしてゼロ点比例に持ち込む．</td></tr>
<tr><td>標準 SN 比</td><td>システムの入出力が非線形</td></tr>
<tr><td>静特性の SN 比</td><td>望小特性の SN 比</td><td>特性値が小さいほど良い．<br>ただし特性値は負の値をとらない．</td></tr>
<tr><td rowspan="2">システムの入出力が関数で表されない</td><td>望大特性の SN 比</td><td>特性値が大きいほど良い．<br>ただし特性値は負の値をとらない．</td></tr>
<tr><td>オメガ変換による SN 比</td><td>特性値が割合で表されている</td></tr>
</table>

は一般に静特性にくくられている．本書では望目特性はゼロ点比例の特別な場合として動特性の仲間に入れた．そのためゼロ望目特性は望目特性に連動して動特性の仲間に入れることになった．

**第Ⅲ. 1 章の参考文献**

1） 基礎から学ぶ品質工学，小野元久編著，日本規格協会，2013
2） エネルギー比型 SN 比，鶴田明三，日科技連出版社，2016
3） 品質工学講座 5 品質工学事例集 日本編一般，田口玄一編，日本規格協会，p.237, 1988
4） 予知計測管理加工システムの基礎的研究（第 2 報）－ Si(100)基板のポリッシング加工－，江田弘他，精密工学，Vol.55，No.6，1989
5） タグチメソッド入門，田口伸，日本規格協会，2016
6） 第三版実験計画法(上)，田口玄一，丸善，p.94，1976

**第Ⅲ.2 章のねらい**

異分野の多種多様な技術に触れ，システムの機能表現と誤差因子の選定に磨きをかける．

# Ⅲ.2　機能の表現と誤差因子

## 2.1　機能を表現するときの手助け

システムの機能を考えるに当たっては，やみくもに考えるのではなく，対象とするシステムのエネルギーの流れの観点に立ってフローチャートを描いて考えるとか，表Ⅲ.2.1 のような分類方法が紹介[1),2),3)]されているので利用するとよい．各機能の分類に関して若干の事例をあげる．

**表Ⅲ.2.1**　機能の分類[3)]

| 機能分類 | 定　義 | 例 | 備　考 |
|---|---|---|---|
| エネルギー変換機能 | 入力エネルギーから別な出力が得られる | 切削加工，モータ | エネルギーロスが大きいと振動，音，表面粗さなどの品質問題が発生する |
| 線形変換機能 | ある変量を別な変量に変換する | センサー，ポテンショメータ | 入力と出力の単位が異なる |
| 転写性機能 | 型，原形，指示値などもとになる寸法，距離などに変換する | 印刷，コピー | 入力と出力は同じ単位 |
| 保形機能 | 構造物などで形を維持しようとする機能 | 筐体，構造物 | — |
| 均質化機能 | 均質に作り込もうとする機能 | 射出成形，鋳物 | 密度が関係する．転写性とオーバーラップするところもある |
| 反応制御機能 | 化学合成する機能 | — | 動的機能窓法はここに入る |
| 確動機能 | 設定された時間に対して決められた位置に来るようにする機能 | ワイパー，ステッピングモータ | — |

### (a) エネルギー変換機能

システムの機能をエネルギー変換機能で表現する旋削加工技術の最適化の研究[4]では，入力を加工時間，出力は旋盤の主軸モータの消費電力としている．特に主軸モータの消費電力は，加工をせずに主軸モータを回転させているときの消費電力と加工をしているときの主軸モータの消費電力とに分けてSN比を求めることで，再現性の良い結果を得ている．

スプライン転造と呼ぶ回転塑性加工に対してエネルギー変換機能の考え方を適用[5]している．この技術では，三通りの機能を検討しているが，入力を加工時間，出力を電力量とした機能を検討している．

### (b) 線形変換機能

ポテンショメータに関わる事例[6]は，入力として機械的角度（回転角度），出力として出力電圧を設定している．ただし，ポテンショメータの使用方法によって入力が異なることから，機械的角度に合わせて使用者が設定する印加電圧も入力としている．

### (c) 転写性機能

転写性機能はパラメータ設計が改善活動から開発設計への適用が活発化するエポックメーキングになった機能の考え方である．NCマシンによるエンドミル加工[7]においてNCマシンの入力データを入力とし，製品寸法を出力としている．炭素繊維強化樹脂の射出成形加工[8]では，金型寸法を入力，製品寸法を出力としている．

### (d) 保形機能

高精度化する複写機のフレームの設計[9]では，フレームの多数箇所の図面上の寸法を入力とし，有限要素法による解析から得られた寸法を出力としている．

### (e) 確動機能

複写機や印刷機で使用されている用紙送り機構の安定な用紙送り[10]を実現するために，入力として給紙ローラの回転角度，出力として用紙の送り量を設定している．

システムの機能を定義するときには，はじめにシステムの目的を考え，次にその目的を達成するための技術手段を考える．その技術手段に対する働きかけを入力，働きかけによって得られる結果を出力と考えることでシステムの入出力を定義できることが多い．

例えば，厚さ 1 mm の鉄板があって直径 1 mm の穴をあけるとする．穴をあける手段として，ドリル加工，型彫り放電加工，プレス加工などが考えられる．これらの加工方法は多目的な加工方法でもあるが，いずれの加工方法も穴をあけることが目的と言える．一方，穴をあける技術手段という観点に立てば，表現方法は異なってくる．ドリル加工の場合は，ドリルの回転力とドリルで鉄板を押す力によって穴があく．型彫り放電加工の場合は，電極と鉄板の間の放電作用と電極を鉄板に向かって送る力によって穴があく．プレス加工の場合は，二つの金型の間に鉄板を置いて，一方の金型を固定して他方の金型を鉄板に向かって押し付けると穴があく．このように目的が同じ加工技術でも加工方法が異なると表現方法も異なるのである．

## 2.2　機　能　窓　法

### (1)　静的機能窓法[11),12)]

印刷機やプリンタの用紙搬送機構として図Ⅲ.2.1 に示すようなモデルがある．給紙コロを用紙に押し付けながら給紙コロに回転を与えると，給紙コロと用紙との間の摩擦によって用紙が 1 枚ずつ移動するというモデルである．この場

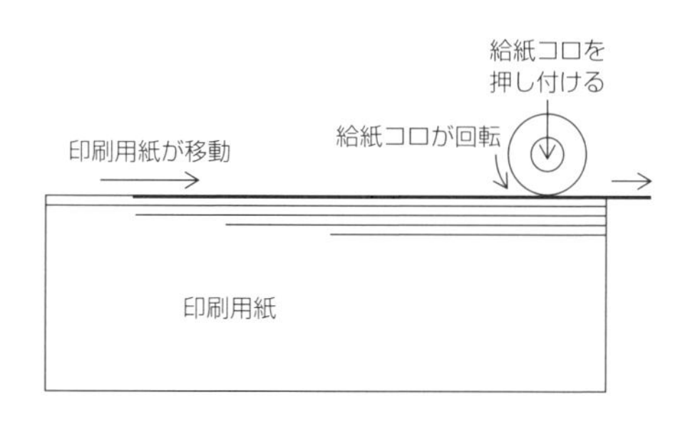


**図Ⅲ.2.1**　用紙搬送モデル

合，給紙コロを強く押し付けると用紙は複数枚送られる重送という不具合が発生する．重送を避けるために押付け力を弱くしてしまうと用紙を全く送らない不送りと呼ばれる不具合が発生してしまう．

図Ⅲ.2.2 に示すように横軸に給紙コロを押し付ける力，縦軸に重送あるいは不送りが発生する頻度を取ったモデルを仮定する．押付け力を大きくすれば重送になり，押付け力を小さくすると不送りになる．重送と不送りの境界内であるように押付け力を設定し，かつ，その範囲が大きいほど良いというモデルである．この範囲は**機能窓**あるいは**静的機能窓法**と呼ばれている．重送が発生する押付け力は大きいほど良い特性と考え望大特性の SN 比 $\eta_1$，不送りが発生する押付け力は小さいほど良い特性と考え望小特性の SN 比 $\eta_2$ とすれば，この場合の機能窓の SN 比 $\eta$ は式(Ⅲ.2.1)で表すことができる．

$$\eta = \eta_1 + \eta_2 \quad [\mathrm{db}] \qquad (Ⅲ.2.1)$$

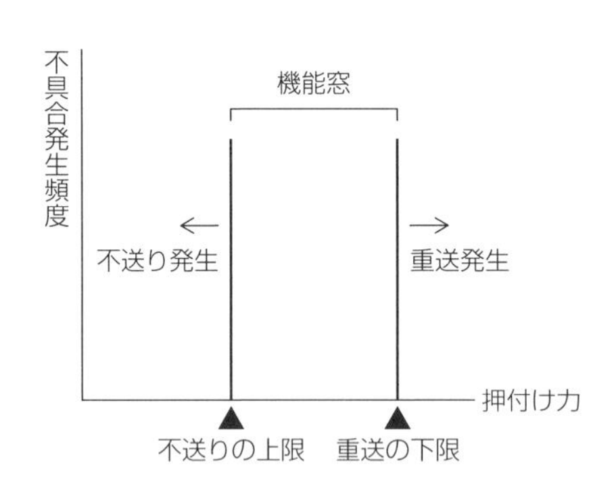


**図Ⅲ.2.2** 静的機能窓法のモデル

**【問】** 用紙送り機構で不送りに関する機能性評価を行う場合，測定する項目として不適切なものはどれか．

(a) 用紙の搬送距離

(b) 用紙の搬送時間

(c) 用紙の搬送速度

(d) 不送り発生頻度

### (2) 動的機能窓法[13]

#### (a) 副生成物が発生しないとした場合

材料 $A$ と材料 $B$ を反応させて材料 $C$ を生成する式(Ⅲ.2.2)のような化学反応を考える．

$$A + B \rightarrow C \qquad (Ⅲ.2.2)$$

この化学反応で表されるシステムでは，式(Ⅲ.2.3)が成立すると仮定する．

$$\beta t = \ln \frac{1}{p_A} \qquad (Ⅲ.2.3)$$

ここに，$p_A$：材料 $A$ の残存率

$t$：反応時間

$\beta$：材料 $A$ と材料 $B$ との反応速度

また材料 $A$ の時間当たりの減少率を材料 $B$ との反応速度と考えている．さらに，式(Ⅲ.2.3)の左辺を $Y$ と置けば材料 $A$ の残存率は式(Ⅲ.2.4)のように表現できる．

$$Y = \ln \frac{1}{p_A} \qquad (Ⅲ.2.4)$$

材料 $A$ の残存率は，反応時間 $t$ と比例関係にあるので，式(Ⅲ.2.4)は動特性の SN 比で評価できる．

#### (b) 副生成物が発生するとした場合

材料 $A$ と材料 $B$ を反応させて材料 $C$ を生成する過程で副生成物 $D$ が発生するとする．ここで材料 $A$ の残存率を $p_A$，材料 $C$（目的生成物）の生成率を $p_C$，

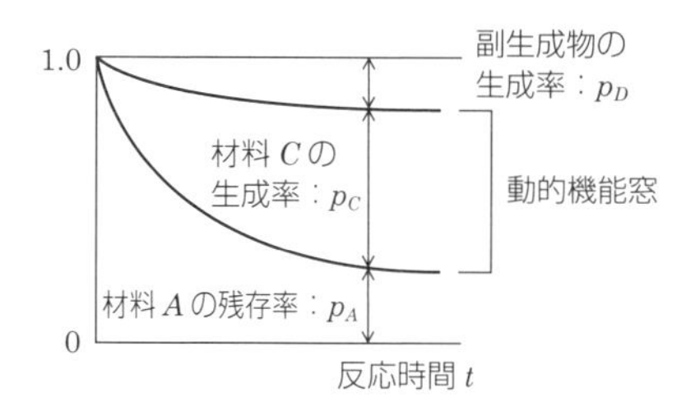


**図Ⅲ.2.3**　動的機能窓法のモデル

副生成物の生成率を $p_D$ とすれば，これらの特性値は，横軸を反応時間 $t$ にとると図Ⅲ.2.3 のようなモデルで表現できる．このような考え方は**動的機能窓法**と呼ばれている．ここで材料 $A$ の残存率 $Y_1=\ln(1/p_A)$ と副生成物の生成率 $Y_2=\ln(1/p_A)$ と表せば，図Ⅲ.2.3 は図Ⅲ.2.4 のような**反応速度の動的機能窓**として表現できる．なお，反応速度差法に合わせて反応速度比法も提案されているが，動的機能窓法の詳細と SN 比の導出と具体的な事例については各論に及ぶことから参考文献 14）などを参照されたい．

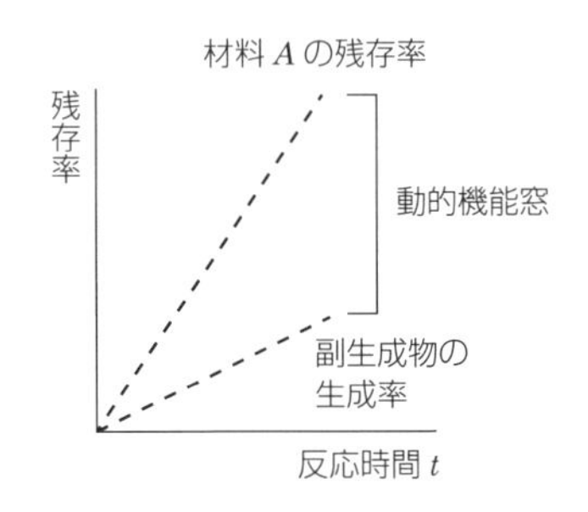


**図Ⅲ.2.4** 反応速度の動的機能窓法のモデル

## 2.3 誤差因子のいろいろ

### (1) 誤差因子を考えるときの手助け

誤差因子を適切に選定することは厄介な作業であるとされていることから，以下のような工夫をして，誤差因子を引き出しやすくする．また考えた誤差因子に漏れがないかどうか確認することが望ましい．

・チェックシートを作成する．

・特性要因図を作成する．

・ブレーンストーミングを実施する．

・直接の担当者に意見を求める．

### (2) 誤差因子の候補から誤差因子を選び出す

誤差因子の選定に当たっては，誤差因子の候補をあげたもののシステムの出力に与える影響があるかどうか分からないなどの理由で選定に戸惑うことも多い．このような場合には，誤差因子の効果を調べるための実験（誤差因子探し実験などと呼ばれることもある．）を事前に行うこともある．このような場合は，誤差因子の候補にあがった要因を2水準系の直交表に割り付け，システムの出力の挙動を調べ，出力の大きさに影響を与える要因の中から誤差因子を選び出す方法が取られる．

**【例Ⅲ.2.1】　用紙送り機構における誤差因子**

図Ⅲ.2.5 に示すモデルのような印刷機の用紙送り機構に対して機能性評価を実施するに当たり，誤差因子を選定する段階にあると仮定する．誤差因子として表Ⅲ.2.2 に示す要因が候補としてあげられたが，誤差因子の候補が用紙送り

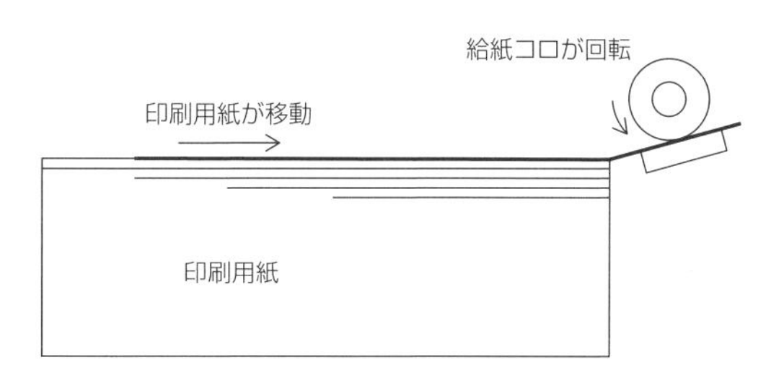


**図Ⅲ.2.5**　用紙送り機構のモデル

**表Ⅲ.2.2**　誤差因子の候補

| 要　因 | 第1水準 | 第2水準 |
|---|---|---|
| $A$：用紙の種類 | 厚紙 | 薄紙 |
| $B$：用紙の大きさ | 小サイズ | 大サイズ |
| $C$：用紙の使用状況 | 画像なし | 画像あり |
| $D$：用紙の密着状態 | 強い | 弱い |
| $E$：用紙の耳折れ | あり | なし |
| $F$：用紙のカール | あり | なし |
| $G$：用紙の積載量 | 多い | 少ない |
| $H$：用紙のセット位置 | 手前にずれ | 正常 |
| $I$：用紙のサイド状況 | 不十分 | 正常 |
| $J$：給紙コロの硬度 | 硬い | 新品 |
| $K$：給紙コロの汚れ | あり | なし |

機構に与える影響が分からないので，絞り込めないでいる．そこで，これらの要因を直交表 $L_{12}$ に割り付けて，給紙コロに一定の回転角度（入力）を与え，用紙搬送距離（出力）を測定した．

実験結果を利用して図Ⅲ.2.6 のような要因効果図が得られた．この要因効果図によれば，用紙の密着状態（$D$）と用紙の積載量（$G$）は要因の水準を変えても用紙の移動量に変化がないので，要因 $D$ と要因 $G$ は誤差因子とは言えない．給紙コロの硬度（$J$）の影響も小さいようである．用紙のセット位置（$H$）の影響は大きい．用紙の種類（$A$），用紙の大きさ（$B$），用紙のカール（$F$），給紙コロの汚れ（$K$）の影響も大きいようである．

このようにして誤差因子の候補が用紙の移動距離に与える影響の程度が分かったので，例えば，用紙セット位置を誤差因子として採用するというような判断をする．用紙セット位置以外の要因も誤差因子として採用することが考えられるが，採用するかどうかの判断は状況による．

### (3) 調合誤差因子

用紙送り機構で例示したように誤差因子が複数あり，それらの効果が大きいと判断されたが，そのまま全てを実験に採用すると実験規模が大きくなってしまう．実験規模を縮小するために以下のような方法がある．

図Ⅲ.2.6 に示す用紙搬送量の要因効果図から $A_2B_2C_1E_2F_1H_2I_1J_1K_2$ と $A_1B_1C_2E_1F_2H_1I_2J_2K_1$ という二つの要因の組合せを考える．前者の要因の組合せは用紙搬送量が搬送量の平均値より大きく出現するようにシステムに影響する，後者の場合は搬送量の平均値より小さく出現するように影響すると言える．

ここで前者の要因の組合せを $N_1$，後者の組合せを $N_2$ とすれば，9 要因 2 水準の誤差因子を 1 要因 2 水準の誤差因子にまとめたことになる．ただし，要因 $D$ と要因 $G$ は誤差因子としての効果を発揮しないと判断しているので組合せから除いている．

このようにしてまとめた誤差因子を**調合誤差因子**，要因の組合せを作ることを**誤差因子の調合**と呼ぶ．誤差因子を調合することで実験回数を圧倒的に削減

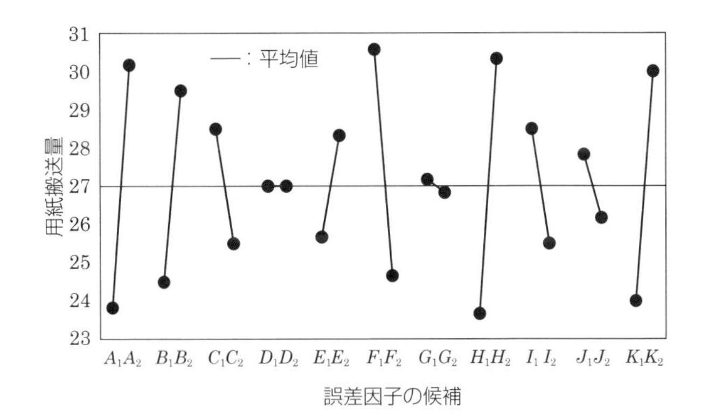


**図Ⅲ.2.6**　用紙搬送量の要因効果図

することができる．

誤差因子がシステムに与える影響を調べる実験では，必ずしも直交表を使う必要がなく，多元配置実験でも構わない．直交表を使用する場合，一般には2水準系の直交表を使うが，より多くの情報を得たいということで3水準の直交表を使うこともある．誤差因子がシステムに与える影響が分かっているのであれば，実験をしないで調合すればよい．

誤差因子の調合は実験回数削減の手法として有効であるが，誤差因子を調合してしまうと実験に採用した誤差因子がシステムに与えた影響を調べることができないという欠点があることに注意すべきである．

**【問】**　鉛筆で紙にフリーハンドで真っすぐな線を描きたい．そのときの誤差因子は？

(a)　紙の質感（ツルツル，ザラザラ）

(b)　芯の濃さ

(c)　芯の太さ

(d)　力の入れ具合

**【練習問題Ⅲ.2.1】**

誤差因子を調合するために11要因（2水準）を直交表$L_{12}$に割り付けて特性値を計測したところ，表に示す結果が得られた．調合誤差因子を作りなさい．

**表**　直交表$L_{12}$に割り付けた誤差因子と特性値

|  | *A* | *B* | *C* | *D* | *E* | *F* | *G* | *H* | *I* | *J* | *K* | 特性値 |
|---|---|---|---|---|---|---|---|---|---|---|---|---|
| 1 | 1 | 1 | 1 | 1 | 1 | 1 | 1 | 1 | 1 | 1 | 1 | 39 |
| 2 | 1 | 1 | 1 | 1 | 1 | 2 | 2 | 2 | 2 | 2 | 2 | 21 |
| 3 | 1 | 1 | 2 | 2 | 2 | 1 | 1 | 1 | 2 | 2 | 2 | 57 |
| 4 | 1 | 2 | 1 | 2 | 2 | 1 | 2 | 2 | 1 | 1 | 2 | 42 |
| 5 | 1 | 2 | 2 | 1 | 2 | 2 | 1 | 2 | 1 | 2 | 1 | 37 |
| 6 | 1 | 2 | 2 | 2 | 1 | 2 | 2 | 1 | 2 | 1 | 1 | 68 |
| 7 | 2 | 1 | 2 | 2 | 1 | 1 | 2 | 2 | 1 | 2 | 1 | 21 |
| 8 | 2 | 1 | 2 | 1 | 2 | 2 | 2 | 1 | 1 | 1 | 2 | 38 |
| 9 | 2 | 1 | 1 | 2 | 2 | 2 | 1 | 2 | 2 | 1 | 1 | 30 |
| 10 | 2 | 2 | 2 | 1 | 1 | 1 | 1 | 2 | 2 | 1 | 2 | 72 |
| 11 | 2 | 2 | 1 | 2 | 1 | 2 | 1 | 1 | 1 | 2 | 2 | 10 |
| 12 | 2 | 2 | 1 | 1 | 2 | 1 | 2 | 1 | 2 | 2 | 1 | 30 |

**【第Ⅲ. 2章の参考文献】**

1）入門タグチメソッド，立林和夫，日科技連出版社，p.40，p.98，2004
2）品質工学機能分類分けの検討，大西章夫他，品質工学，Vol.7，No.1，pp.22-26，1999
3）機能および誤差因子の決定の補助をする方法の提案，高田圭他，第16回品質工学研究発表大会論文集，pp.310-313，2008
4）電力を利用した切削条件の最適化，高橋和仁他，品質工学，Vol.8，No.1，pp.24-31，2000
5）エネルギー評価によるスプライン転造システムの最適化，田中雄幸他，品質工学，Vol.18，No.2，pp.64-71，2010
6）ポテンショメータの機能性の改善，林憲一他，品質工学，Vol.10，No.1，pp.42-48，2002
7）転写性による難削材の切削技術開発，上野憲造，品質工学，Vol.1，No.1，

pp.26-30, 1993
8)　品質工学応用講座 転写性の技術開発, 馬場幾郎編, 日本規格協会, p.61, 1992
9)　構造体における保形性による評価, 榎本殖安他, 第7回品質工学研究発表大会論集, pp.157-160, 1999
10)　用紙送り機構の安定性設計, 野島岳史他, 品質工学, Vol.2, No.2, pp.20-25, 1994
11)　品質工学講座3 品質評価のためのSN比, 小西省三編, 日本規格協会, p.79, 1988
12)　電子部品のフローソルダリング条件の最適化, 吉久一志, 計量管理, Vol.41, No. 6, pp.12-15, 1993
13)　品質工学応用講座 化学・薬学・生物学の技術開発, 久米昭正編, 日本規格協会, p.79, 1999
14)　これでわかった！超実践品質工学, 鶴田明三, 日本規格協会, 2016

**第Ⅲ.3 章のねらい**

直交表を使用する本来の目的を理解するためには品質工学の知識だけでなく実験計画法の知識も必要である．直交表に関わる様々な内容を理解することと使いこなしていくことは分けて考えたほうが現実的と考えている．本章を通して直交表を使いこなすことを目指す．

# Ⅲ. 3　直交表の詳細

## 3.1　直交表の使い道

### (1) 実験回数の合理的な削減による実験の効率化

直交表を使うことで実験回数を減らすことができる．表Ⅲ.3.1 に実験回数を削減した例を示す．多元配置による実験回数と直交表による実験回数の比較を示す．

**表Ⅲ.3.1**　多元配置実験と直交表実験における実験回数の比較

<table>
<tr><th>直交表</th><th>要因数</th><th>水準数</th><th>多元配置実験の実験回数</th><th>直交表の実験回数</th></tr>
<tr><td>$L_9$</td><td>4</td><td>3</td><td>81 ($3^4$)</td><td>9</td></tr>
<tr><td>$L_{12}$</td><td>11</td><td>2</td><td>2048 ($2^{11}$)</td><td>12</td></tr>
<tr><td rowspan="2">$L_{18}$</td><td>1</td><td>2</td><td rowspan="2">4374 ($2^1 \times 3^7$)</td><td rowspan="2">18</td></tr>
<tr><td>7</td><td>3</td></tr>
</table>

### (2) 交互作用の検証─実験計画法による使用法

実験計画法では，直交表に割り付けた要因間の**交互作用**の存在とその大きさを調べるために素数べき乗系直交表（2 水準系, 3 水準系）を使用する．ただし，基本的に品質工学では要因間の交互作用は調べないという立場を取るので，ここでは制御因子間の交互作用を調べるための直交表の使い方には触れない.

**(3) システム出力の安定性確保の手段―品質工学的使用法**

パラメータ設計で**混合系直交表**の使用が推奨されるのは，混合系直交表によれば制御因子間で発生した交互作用が特定の列に出現せず，各列に均等に配分されている（**交絡**している）からである．制御因子間で交互作用が発生するということは，パラメータ設計の最終段階で使用されるSN比の利得の再現性に見誤りが発生するリスクがある．パラメータ設計では，交互作用が発生してもシステムの安定性（ロバスト性）を確保すべきと考えることから，基本的に交互作用の出現やその大きさの程度を議論・検討しないという立場を取っている．混合系直交表による実験で発生した制御因子間の交互作用の存在を誤差因子とみなせば，混合系直交表の使用はシステムの安定性確保の一手段と考えられる．

交互作用は制御因子間だけではなく，誤差因子と制御因子など取り上げた因子間で全てに発生すると考えてもよいであろう．このように複雑な交互作用の出現のメカニズムを丁寧に調べることによる時間の使用は，迅速に結論を出すべきというパラメータ設計の基本的考え方に抵触する．ただし予想できなかった過大な交互作用の出現や交互作用に対する検討でSN比の利得の再現性が改善することもあることから，SN比の利得の再現性をチェックする段階では，制御因子間の交互作用と利得の再現性の関係を調査することもある．

**(4) SN比の利得の再現性のチェック―混合系直交表の使用が推奨される本来の意味**

混合系直交表である直交表$L_{18}$の使用が推奨される本来の意味は，SN比の利得の再現性があるかどうか調べることであるとされている．これは，**再現性のチェック**とか**加法性のチェック**と呼ばれている．このことについて田口は次のように述べている[1]．

直交表を用いる目的は，加法性のチェックである．加法性がないとき，下流条件での再現性が考えられないのである．加法性があるとき直交表の実験をするのではなく，加法性があるかどうか不明のとき直交表を用いた実験を昔から勧めているのである．パラメータ（設計定数）の最適水準の組合せに対する利得が，下流である大規模生産条件や実際の市場条件で再現するかどうかが問題となる．下流で再現性があるということのチェック（完全なものではない）に直交表を用いて実験をするのである．

直交表 $L_{18}$ に少なくとも数個以上の制御因子を割り付けて実験（シミュレーション計算を含む）をし，評価特性として SN 比を求め，最適条件を求める．初期条件に対する最適条件の機能性の改善の大きさである利得を推定し，確認実験で利得の再現性のチェックをする．予測した利得と確認実験で得られた利得がほぼ一致するなら，個々の制御因子の利得は他の制御因子の水準でほとんど変わらないことになる．したがって，研究室の条件と異なる下流条件（実製品，大規模生産工程，研究室のテスト条件と異なる様々な使用条件）でも再現することが期待されるのである．

## 3.2 直交表の特別な使い方

### (1) 多水準法[2)]

直交表 $L_{18}$ を使って 6 水準の要因を割り付けることができる（表Ⅲ.3.2）．1 行目は列番号（割り付ける制御因子）を表すが，1 行 2 列目の“12”は元の直交表 $L_{18}$ の 1 列と 2 列を使っていることを表す．このときの要因 $A$ の水準ごとの平均値は次のようになる．

$$\overline{A}_1 = \frac{1}{3}(y_1 + y_2 + y_3)$$

$$\overline{A}_2 = \frac{1}{3}(y_4 + y_5 + y_6)$$

$$\overline{A}_3 = \frac{1}{3}(y_7 + y_8 + y_9)$$

$$\overline{A}_4 = \frac{1}{3}(y_{10} + y_{11} + y_{12})$$

$$\overline{A}_5 = \frac{1}{3}(y_{13} + y_{14} + y_{15})$$

$$\overline{A}_6 = \frac{1}{3}(y_{16} + y_{17} + y_{18})$$

**表Ⅲ.3.2**　多水準法による割付け
直交表 $L_{18}$ に 6 水準割り付けた場合

| | $A$<br>12 | $B$<br>3 | $C$<br>4 | $D$<br>5 | $E$<br>6 | $F$<br>7 | $G$<br>8 | 特性値 |
|---|---|---|---|---|---|---|---|---|
| 1 | 1 | 1 | 1 | 1 | 1 | 1 | 1 | $y_1$ |
| 2 | 1 | 2 | 2 | 2 | 2 | 2 | 2 | $y_2$ |
| 3 | 1 | 3 | 3 | 3 | 3 | 3 | 3 | $y_3$ |
| 4 | 2 | 1 | 1 | 2 | 2 | 3 | 3 | $y_4$ |
| 5 | 2 | 2 | 2 | 3 | 3 | 1 | 1 | $y_5$ |
| 6 | 2 | 3 | 3 | 1 | 1 | 2 | 2 | $y_6$ |
| 7 | 3 | 1 | 2 | 1 | 3 | 2 | 3 | $y_7$ |
| 8 | 3 | 2 | 3 | 2 | 1 | 3 | 1 | $y_8$ |
| 9 | 3 | 3 | 1 | 3 | 2 | 1 | 2 | $y_9$ |
| 10 | 4 | 1 | 3 | 3 | 2 | 2 | 1 | $y_{10}$ |
| 11 | 4 | 2 | 1 | 1 | 3 | 3 | 2 | $y_{11}$ |
| 12 | 4 | 3 | 2 | 2 | 1 | 1 | 3 | $y_{12}$ |
| 13 | 5 | 1 | 2 | 3 | 1 | 3 | 2 | $y_{13}$ |
| 14 | 5 | 2 | 3 | 1 | 2 | 1 | 3 | $y_{14}$ |
| 15 | 5 | 3 | 1 | 2 | 3 | 2 | 1 | $y_{15}$ |
| 16 | 6 | 1 | 3 | 2 | 3 | 1 | 2 | $y_{16}$ |
| 17 | 6 | 2 | 1 | 3 | 1 | 2 | 3 | $y_{17}$ |
| 18 | 6 | 3 | 2 | 1 | 2 | 3 | 1 | $y_{18}$ |

### (2) ダミー法[2)]

直交表の列の水準数より少ない水準の因子を割り付けることができる．直交表 $L_{18}$ の 8 列目の 3 水準が 2′ 水準に置き換わっている．2′ 水準は 2 水準と同じ意味である．このときの要因 $H$ の水準ごとの平均値は次のようになる．

$$\overline{H}_1 = \frac{1}{6}(y_1 + y_5 + y_8 + y_{10} + y_{15} + y_{18})$$

$$\overline{H}_2 = \frac{1}{6}(y_2 + y_6 + y_9 + y_{11} + y_{13} + y_{16})$$

$$\overline{H}'_2 = \frac{1}{6}(y_3 + y_4 + y_7 + y_{12} + y_{14} + y_{17})$$

### (3) 水準ずらし

直交表に制御因子を割り付けるとき，制御因子が独立でない場合，やっかいなことが起きる．例えば要因 $B$ はある物質の重量で 100 g，200 g，300 g の 3 水準，要因 $C$ は別な物質の重量であるが要因 $B$ の 10％としたいので，10 g，20 g，30 g であり，これを直交表 $L_{18}$ の 2 列と 3 列に割り付けることにする．表Ⅲ.3.4 のように直交表 $L_{18}$ の 2 列と 3 列を抜き出してみる．10％になっているのは四角で囲った部分だけである．このように 10％になっていない組合せでは，要因 $C$ の水準をずらしてやればよい．

**表Ⅲ.3.3** ダミー法による割付け
直交表 $L_{18}$ の 8 列目に適用した場合

| | $A$<br>1 | $B$<br>2 | $C$<br>3 | $D$<br>4 | $E$<br>5 | $F$<br>6 | $G$<br>7 | $H$<br>8 | 特性値 |
|---|---|---|---|---|---|---|---|---|---|
| 1 | 1 | 1 | 1 | 1 | 1 | 1 | 1 | 1 | $y_1$ |
| 2 | 1 | 1 | 2 | 2 | 2 | 2 | 2 | 2 | $y_2$ |
| 3 | 1 | 1 | 3 | 3 | 3 | 3 | 3 | 2′ | $y_3$ |
| 4 | 1 | 2 | 1 | 1 | 2 | 2 | 3 | 2′ | $y_4$ |
| 5 | 1 | 2 | 2 | 2 | 3 | 3 | 1 | 1 | $y_5$ |
| 6 | 1 | 2 | 3 | 3 | 1 | 1 | 2 | 2 | $y_6$ |
| 7 | 1 | 3 | 1 | 2 | 1 | 3 | 2 | 2′ | $y_7$ |
| 8 | 1 | 3 | 2 | 3 | 2 | 1 | 3 | 1 | $y_8$ |
| 9 | 1 | 3 | 3 | 1 | 3 | 2 | 1 | 2 | $y_9$ |
| 10 | 2 | 1 | 1 | 3 | 3 | 2 | 2 | 1 | $y_{10}$ |
| 11 | 2 | 1 | 2 | 1 | 1 | 3 | 3 | 2 | $y_{11}$ |
| 12 | 2 | 1 | 3 | 2 | 2 | 1 | 1 | 2′ | $y_{12}$ |
| 13 | 2 | 2 | 1 | 2 | 3 | 1 | 3 | 2 | $y_{13}$ |
| 14 | 2 | 2 | 2 | 3 | 1 | 2 | 1 | 2′ | $y_{14}$ |
| 15 | 2 | 2 | 3 | 1 | 2 | 3 | 2 | 1 | $y_{15}$ |
| 16 | 2 | 3 | 1 | 3 | 2 | 3 | 1 | 2 | $y_{16}$ |
| 17 | 2 | 3 | 2 | 1 | 3 | 1 | 2 | 2′ | $y_{17}$ |
| 18 | 2 | 3 | 3 | 2 | 1 | 2 | 3 | 1 | $y_{18}$ |

**表Ⅲ.3.4** 直交表 $L_{18}$ の 2 列と 3 列の割付け

| | 2 列 | 3 列 | 割合 % |
|---|---|---|---|
| 1 | 100 | 10 | 10 |
| 2 | 100 | 20 | 5 |
| 3 | 100 | 30 | 3.33 |
| 4 | 200 | 10 | 20 |
| 5 | 200 | 20 | 10 |
| 6 | 200 | 30 | 6.67 |
| 7 | 300 | 10 | 30 |
| 8 | 300 | 20 | 15 |
| 9 | 300 | 30 | 10 |
| 10 | 100 | 10 | 10 |
| 11 | 100 | 20 | 5 |
| 12 | 100 | 30 | 3.33 |
| 13 | 200 | 10 | 20 |
| 14 | 200 | 20 | 10 |
| 15 | 200 | 30 | 6.67 |
| 16 | 300 | 10 | 30 |
| 17 | 300 | 20 | 15 |
| 18 | 300 | 30 | 10 |

この処置を**水準ずらし**という．水準ずらしは制御因子に温度と時間のようにエネルギーの変化に関わる要因を割り付けるようなときにも適用すべきである．なお，水準ずらしは制御因子を直交表に割り付けるときだけでなく，多元配置に割り付けるときも注意する必要がある．

**(4) 内側直交表と外側直交表の直積**

パラメータ設計では制御因子を割り付けることを内側に割り付ける，誤差因子を割り付けることを外側に割り付けると呼んでいる．制御因子を割り付ける直交表は**内側直交表**である．誤差因子は多元配置に割り付けるか直交表に割り付けることになるが，直交表に割り付ける場合は**外側直交表**と呼ばれる．特に内側及び外側がともに直交表の場合，内側直交表の各行に対して外側直交表が適用されることから内側直交表と外側直交表の**直積**とか**直積実験**と呼ばれている．

一番小さな直交表 $L_4$ を使うとすれば図Ⅲ.3.1 のようになり，直交表 $L_4$ では内側直交表 1 行当たりのデータ数は 4 個になる．なお，内側直交表と外側直交表は同じものである必要はない．

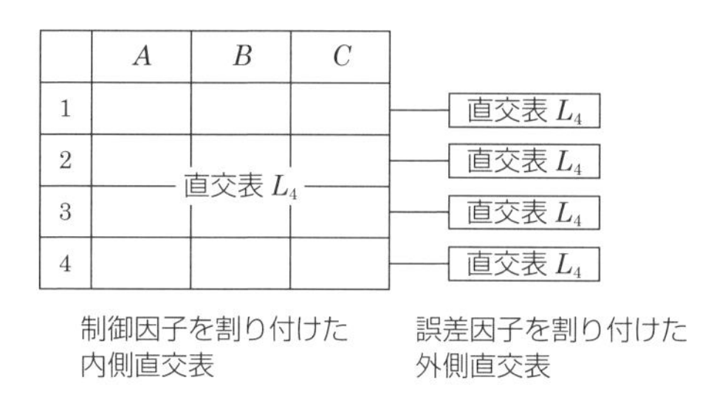


**図Ⅲ.3.1**　内側直交表と外側直交表の直積のイメージ

**【コラムⅢ.2】直交表の分散分析**

パラメータ設計の終盤で SN 比と感度の要因効果図を描いて制御因子の最適条件を決める作業が行われる．直交表に割り付けられた要因の最適水準は要因効果図を見て決定する．このような見た目での決定を避けて直交表の分散分析による方法もある．分散分析による方法では，本書では説明していない自由度，分散，寄与率などの理解が必要になるので，詳細は参考文献3）などを参照して欲しい．

**【練習問題Ⅲ.3.1】**

要因 $B$ と要因 $C$ の割合が10％になるように表aのように二つの要因の重量を設定した．本文の記述のように直交表に表aの要因を割り付けると10％にはならないようである．どのようにすれば要因 $B$ と要因 $C$ を直交表に割り付けたとき10％になるか考えなさい．

**表a**

| | 第1水準 | 第2水準 | 第3水準 |
|---|---|---|---|
| 要因 $B$(g) | 100 | 200 | 300 |
| 要因 $C$(g) | 10 | 20 | 30 |

**【練習問題Ⅲ.3.2】**

あるシステムの運転条件を最適化することが計画されているが，システムの中で物体を加熱する装置がある．最適化に当たり制御因子の一部として加熱時間と加熱温度を表aのように設定して直交表 $L_{18}$ に割り付けることにしている．直交表に割り付ける前に加熱時間と加熱温度の水準の設定の妥当性を検討しなさい．

**表a** 設定する加熱時間と加熱温度

| | 第1水準 | 第2水準 | 第3水準 |
|---|---|---|---|
| 加熱時間(h) | 1 | 2 | 3 |
| 加熱温度(℃) | 100 | 200 | 300 |

**【練習問題Ⅲ.3.3】**

パラメータ設計にシミュレーションを適用するに当たり，制御因子の各要因の水準を表 a のように選定して直交表 $L_9$ に割り付けることにする．誤差因子は制御因子の各要因全ての水準を ±10% 変化させたものとする．ただし，第 2 水準値は変化させない値である．

このときの内側直交表と外側直交表の直積実験の計画を考えなさい．

**表 a**　選定した制御因子

| | 第 1 水準 | 第 2 水準 | 第 3 水準 |
|---|---|---|---|
| $A$ | 10 | 20 | 30 |
| $B$ | 10 | 20 | 30 |
| $C$ | 10 | 20 | 30 |
| $D$ | 10 | 20 | 30 |

**第Ⅲ.3 章の参考文献**

1)　ロバスト設計のための機能性評価，田口玄一，日本規格協会，pp.117-119，2000
2)　ベーシックオフライン品質工学，田口玄一他，日本規格協会，2007
3)　ベーシック品質工学へのとびら，田口玄一他，日本規格協会，p.96，2007

**第Ⅲ.4 章のねらい**

二段階設計と言われるパラメータ設計のチューニングまで作業を進めることは多くないという印象を持っている．チューニングの方法は多様であることを知り，技術課題に綿密に対応できるようになることを目指す．

# Ⅲ.4　パラメータ設計におけるチューニング

パラメータ設計での最適化の作業が終了したということはパラメータ設計の第一段階の終了であり，この時点でシステムの出力が目標とした値になっていない場合は，最適化時点での出力値を目標値に合わせ込む**チューニング**（**調整**）を行う，パラメータ設計は，最適化とチューニングの二つの作業によって構成されることから**二段階設計**とも呼ばれている．最も簡単なチューニングは最適化した後で信号因子の値を調整する方法であるが，以下に実際に行われたチューニングの方法を紹介する．

**(1)　システムの機能を望目特性の SN 比で最適化した場合の例**

図Ⅲ.4.1 に示すような直流回路における固定抵抗 $R_2$ での出力電圧値を安定化するためにパラメータ設計を適用した[1]．このシステムでは電圧値の目標値が 1.5 V とあらかじめ与えられていることから望目特性の SN 比で評価されている．制御因子は回路素子であり，初期条件は $A_1B_2C_2D_2E_1$ である．

パラメータ設計を実施した結果，図Ⅲ.4.2 と図Ⅲ.4.3 に示すような SN 比と $R_2$ での電圧値の要因効果図が得られ最適条件が得られたので確認実験をしたところ，表Ⅲ.4.1 の結果が得られたので，SN 比の利得はほぼ再現されたと判断された．ところが電圧値は推定並びに確認でも目標値から大きく離れた結果であった．そこで出力電圧値を目標値に合わせ込むチューニングが行われた．

最良条件での SN 比の値をできるだけ損ねないように制御因子である固定抵

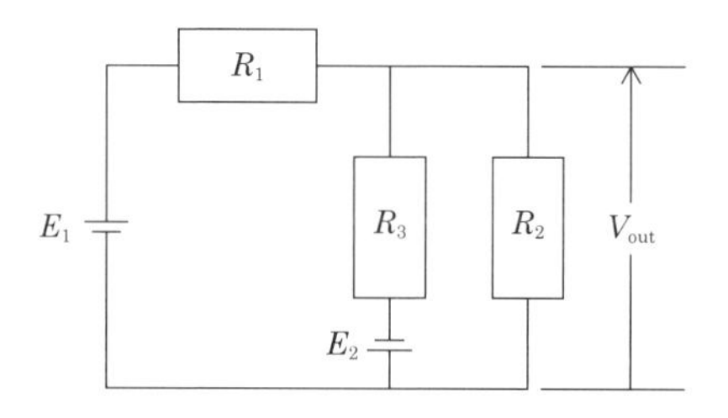


$$V_{out} = R_2 \frac{\left(1 - \frac{R_1 + R_2}{R_1}\right) E_1 + E_2}{\frac{R_2 (R_1 + R_3)}{R_1} + R_3}$$

**図Ⅲ.4.1**　直流電気回路[*1]

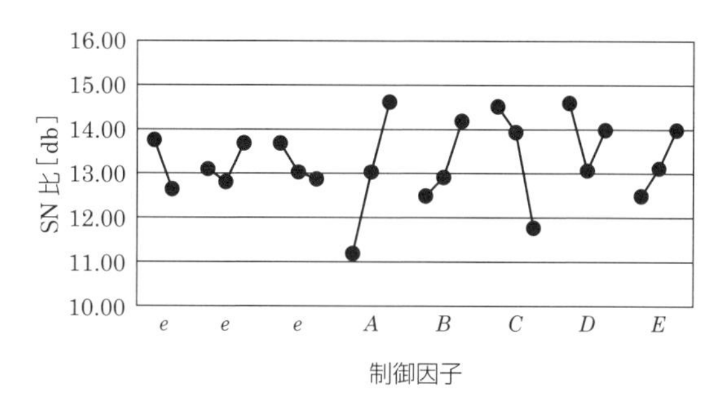


**図Ⅲ.4.2**　SN 比の要因効果図[*2]

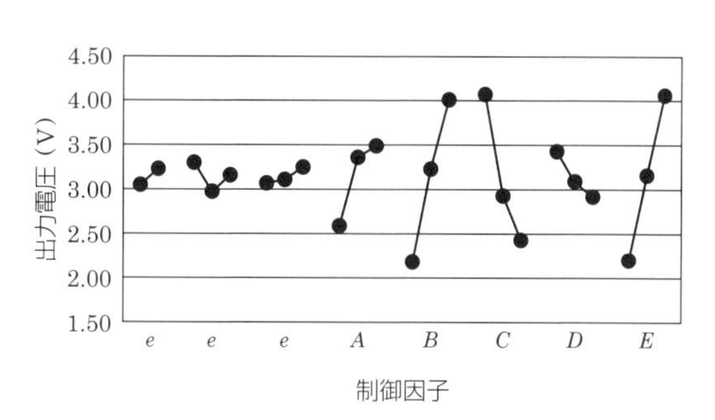


**図Ⅲ.4.3**　出力電圧の要因効果図[*3]

---

[*1]　参考文献 1)，p.102

[*2]　同上，p.111

[*3]　同上，p.112

抗と電源の値を調整した．SN 比と電圧値の要因効果図から要因 $B$（$R_2$）をチューニングに使う調整因子とした．$R_2$ の値を変更して電圧値を推定したところ 1.46（V）が得られることが分かった．表Ⅲ.4.2 に示すように，この条件での SN 比は 14.64 [db] と推定され，1.73 [db] の低下に止めることができた．

ここでは抵抗 $R_2$ での出力電圧を直交表の行ごとに求めて目標値でのチューニングデータとしている．一般には SN 比と感度の組合せでパラメータ設計が進められる．最適化が終了してチューニングの段階に進んだときには，デシベルで表された感度を持って調整因子の選択などが行われる．ここで望目特性の感度は $S = 10\log \overline{y}^2$ [db] であるから，これを SN 比と同じように直交表の行ごとに計算して要因効果図を描いてチューニングのための調整因子を探せばよい．

**表Ⅲ.4.1** 確認実験の結果

| | SN 比 [db] | | 感度 [db] | |
|---|---|---|---|---|
| | 推定 | 確認 | 推定 | 確認 |
| 初期条件 | 10.16 | 9.82 | 1.46 | 1.49 |
| SN 比最良条件 | 19.12 | 16.37 | 6.49 | 7.73 |
| 利得 | 8.96 | 6.55 | 5.03 | 6.24 |

**表Ⅲ.4.2** チューニングの結果

| | 出力電圧(V) | SN 比 [db] |
|---|---|---|
| 初期条件 | 1.49 | 9.82 |
| 最良条件 | 7.73 | 16.37 |
| チューニング | 1.46 | 14.64 |

### (2) システムの機能を動特性の SN 比で最適化した場合

システムの機能を動特性の SN 比で最適化したときの SN 比の要因効果図は望目特性と同様に描けばよい．調整因子探索のための感度の要因効果図に必要な感度は $S = 10\log \beta^2$ [db] であるからこれを使用すればよい．

### (3) 目標直線へのチューニング [2), 3)]

システムの機能の入力と出力が非線形になっている場合は標準SN比でシステムの機能の安定性を評価することを述べた．標準SN比を使ってシステムの最適化が行われたとすれば，次の段階であるチューニングに進むことになる．システムが線形であれば実際の回帰直線の傾きを目標直線の傾きと同じになるように最適化した制御因子の水準を使って調整すれば目標値を達成することはできる．システムの機能が非線形の場合は簡単にいかない．表Ⅲ.4.3に示したデータを使うとすれば，以下に示す比例直交多項式を使って非線形の入出力関係を特定してこれから出力値が目標に合うように調整する．

$$y = \beta_1 m + \beta_2 \left(m^2 - \frac{k_3}{k_2} m\right) + \cdots \qquad (Ⅲ.4.1)$$

ここに，

$$k_j = \frac{1}{k}\left(m_1^j + m_2^j + \cdots + m_k^j\right) \qquad (Ⅲ.4.2)$$

**表Ⅲ.4.3**　目標値と実測値のデータセット

| 信号因子 $M$ | $M_1$ | $\cdots$ | $M_i$ | $\cdots$ | $M_k$ |
|---|---|---|---|---|---|
| 目標値 $m_i$ | $m_1$ | $\cdots$ | $m_i$ | $\cdots$ | $m_k$ |
| 実測値 $y_{0i}$ | $y_{01}$ | $\cdots$ | $y_{0i}$ | $\cdots$ | $y_{0k}$ |

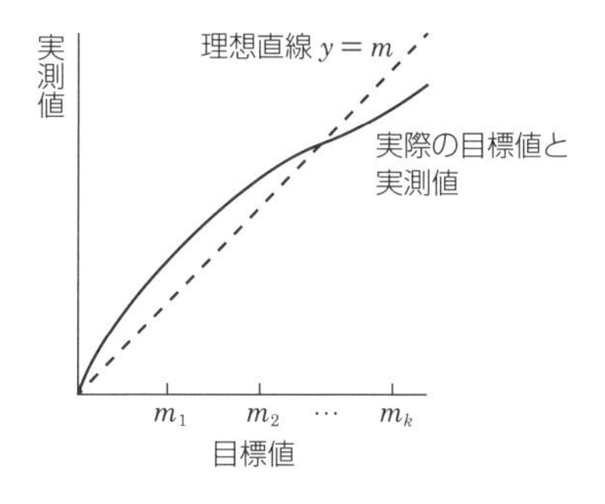


**図Ⅲ.4.4**　目標値と実測値のずれ

式(Ⅲ.4.1)の第1項目の$\beta_1$は目標直線に対する実測した目標値と実測値を表す線の1次係数であり，目標線に対する実測線の傾きを表しており，式(Ⅲ.4.3)は$\beta_1$の推定値である．

$$\beta_1 = \frac{\sum_{i=1}^{k} m_i y_{0i}}{\sum_{i=1}^{k} m_i^2} \qquad (Ⅲ.4.3)$$

式(Ⅲ.4.1)の第2項目の$\beta_2$は実測線の2次係数であり，目標線に対する2次的なずれを表している．$\beta_2$を求める手順は以下のとおりである．ただし，3次以降は省略する．

$$K_2 = \frac{1}{k}(m_1^2 + m_2^2 + \cdots + m_k^2) \qquad (Ⅲ.4.4)$$

$$K_3 = \frac{1}{k}(m_1^3 + m_2^3 + \cdots + m_k^3) \qquad (Ⅲ.4.5)$$

$$w_i = m_1^2 - \frac{k_3}{k_2} m_1 \qquad (i = 1, \cdots, k) \qquad (Ⅲ.4.6)$$

$$L_2 = \sum_{i=1}^{k} w_i y_{0i} \qquad (Ⅲ.4.7)$$

$$r_2 = \sum_{i=1}^{k} w_i^2 \qquad (Ⅲ.4.8)$$

$$\beta_2 = \frac{L_2}{r_2} \qquad (Ⅲ.4.9)$$

以上の係数$\beta_1$，$\beta_2$を直交表の行ごとに計算し，さらに割り付けた制御因子の水準別平均を計算して，どの制御因子がこれらの係数を変化させるかをそれぞれの水準別平均から探し出す．この作業後に式(Ⅲ.4.1)を回帰式として目標値に対する実測値を求めればチューニングが完成する．チューニングは最適条件で行い，SN比を変化させない制御因子を使用するのが基本である．

直交多項式はここで示した比例項直交多項式の他にチェビシェフの直交多項式があるが，比例項直交多項式とチェビシェフの直交多項式を比較検討した論文5）を参照されたい．

**第Ⅲ.4章の参考文献**


1)　基礎から学ぶ品質工学，小野元久編，日本規格協会，2013
2)　入門タグチメソッド，立林和夫，日科技連，2004
3)　実践タグチメソッド，渡部義晴編，日科技連，2006
4)　疑問に答える実験計画法問答集，富士ゼロックス(株)QC研究会編，日本規格協会，1989
5)　２種類の直交多項式による合わせ込みの比較研究，佐々木市郎，品質工学，Vol.28，No.1，pp.35-42，2020

**第Ⅲ.5 章のねらい**

実験計画を立案して実験量が膨大なものなると気が付いたときパラメータ設計離れが始まるのかもしれない．そのような絶望的な感覚を回避するためにシミュレーションの適用は有効である．パラメータ設計にシミュレーションを適用するときの得失を理解してパラメータ設計を使いこなすことを目指す．品質工学の考え方・手法を理解するためには場数を踏むことが必要と言われるが，簡単に場数を踏むことはできない．その代替策として書籍・研究論文の利用を推奨する．

# Ⅲ. 5　シミュレーションによるパラメータ設計

実験によるパラメータ設計は，実験に時間がかかったり，高額な費用を必要としたり，パラメータ設計の実施を躊躇する要因がある．こうしたことに対してパラメータ設計にシミュレーションを採用することが推奨されている．パラメータ設計にシミュレーションを適用する長所は以下のようなことが考えられる．

・とにかく実際の実験をしないで済ますことができる．

・理論式，フリーソフトが使える．

・大型な直交表を使うことで実験では考えられない数の制御因子が採用できる．

・何かの失敗があっても何度でも試行できる．

・プログラム次第では無人で解析できる．

一方，短所もある．

・シミュレータがなければ仕事にならない（所有していない，存在していない）．

・使用したいシミュレータが高額で手が出ない.

・シミュレータの操作が難しいなどでシミュレータの専門家に頼らざるを得ない.

・解析に膨大な時間を要することがある.

・環境条件のような外乱を誤差因子として採用できないことが多い.

長所・短所をあげて一喜一憂することは生産的ではないことは言うまでもない．また，シミュレーションの結果だけで技術的な判断を下すことも危険であり，実際のもので確認する必要もある．表Ⅲ.5.1に，シミュレーションを使った機能性評価・パラメータ設計について述べている書籍，品質工学会誌に掲載された論文を紹介する．それぞれの詳細な内容には触れないので読者自身で確かめてもらいたい.

また，表Ⅲ.5.2の書籍，論文に記載されている内容の理解に必要な品質工学の知識は，“準備編”，“入門編”，本編で取り上げたものの十分とは言えない．不明な内容・記述の理解に必要な知識の習得は読者それぞれの自己努力に期待する．多くの事例に触れて理解することが品質工学の手法を理解するための大切な手段と考えることからあえて大量な情報を提供した．この情報の利用の仕方も読者の判断に委ねることにする.

**表Ⅲ.5.1**　シミュレーションに関わる記述のある書籍の例

| No. | 書籍タイトル | 編・著者 | 出版社 | 発行年 |
|---|---|---|---|---|
| 1 | 基礎から学ぶ品質工学 | 小野元久編著 | 日本規格協会 | 2013 |
| 2 | 新製品開発におけるパラメータ設計 | 計量管理協会 計量管理簡易化研究委員会編 | 日本規格協会 | 1984 |
| 3 | 品質工学講座1 開発・設計段階の品質工学 | 吉澤正孝編 | 日本規格協会 | 1988 |
| 4 | 品質工学講座5 品質工学事例集 日本編一般 | 田口玄一編 | 日本規格協会 | 1988 |
| 5 | 品質工学講座6 品質工学事例集 欧米編 | 田口伸編 | 日本規格協会 | 1990 |
| 6 | ベーシックオフライン品質工学 | 田口玄一他 | 日本規格協会 | 2007 |
| 7 | ベーシック品質工学へのとびら | 田口玄一他 | 日本規格協会 | 2007 |

**表Ⅲ.5.2** シミュレーションに関わる記述のある論文の例

| No. | タイトル | 著　者 | 文　献 | 巻 | 号 | ページ | 年 |
|---|---|---|---|---|---|---|---|
| 1 | LSIにおける差動増幅回路の特性改善 | 岩瀬幹雄他 | 品質工学 | 1 | 3 | 19 | 1993 |
| 2 | シミュレーションによるロバスト設計－標準SN比－ | 田口玄一 | 品質工学 | 9 | 2 | 5 | 2001 |
| 3 | 開発設計とコンピュータシミュレーション | 溝口修理 | 品質工学 | 10 | 1 | 91 | 2002 |
| 4 | CAEによる改善結果の実物再現性の検証 | 高木俊雄他 | 品質工学 | 10 | 2 | 89 | 2002 |
| 5 | シャフト・スプライン歯形設計の最適化 | 田中智之他 | 品質工学 | 10 | 3 | 80 | 2002 |
| 6 | シミュレーションと品質工学によるSAWフィルタ安定性設計 | 細川哲夫他 | 品質工学 | 10 | 2 | 96 | 2002 |
| 7 | 静電複写技術とシミュレーション……悩みは尽きず | 立林和夫 | 品質工学 | 10 | 4 | 73 | 2002 |
| 8 | コンピュータシミュレーションと品質工学 | 立林和夫 | 品質工学 | 10 | 5 | 58 | 2002 |
| 9 | パラメータ設計と有限要素法を用いた絶縁接触コネクタのハウジングの最適化 | Tim Reed他，宮田一智訳 | 品質工学 | 10 | 5 | 108 | 2002 |
| 10 | ロバストな射出成形：波打ち指数 | Chuck T. Hui他，浜田和孝訳 | 品質工学 | 10 | 5 | 120 | 2002 |
| 11 | 技術研究の問題点－テストピース／コンピュータシミュレーションを使った研究の再現性向上－ | 高木俊雄 | 品質工学 | 10 | 5 | 135 | 2002 |
| 12 | 化学反応における反応選択性と機能窓法の適用 | H.Rüfer他，矢野耕也訳 | 品質工学 | 11 | 1 | 119 | 2003 |
| 13 | CAEによる鋳物Mg鋳造法の最適化 | 小島昌宏 | 品質工学 | 11 | 4 | 44 | 2003 |
| 14 | シミュレーションによるサーマルヘッドの設計 | 寺尾博年他 | 品質工学 | 11 | 5 | 73 | 2003 |
| 15 | 融雪シミュレータによる融雪装置の最適化 | 伊藤満他 | 品質工学 | 11 | 6 | 64 | 2003 |

表Ⅲ.5.2　（続き）

| No. | タイトル | 著　者 | 文　献 | 巻 | 号 | ページ | 年 |
|---|---|---|---|---|---|---|---|
| 16 | スピードスプレーヤ送風性能の向上 | 松田公邦他 | 品質工学 | 11 | 6 | 70 | 2003 |
| 17 | トナー飛しょうシミュレーションによる現像プロセスの解析 | 土屋敬司 | 品質工学 | 12 | 1 | 89 | 2004 |
| 18 | 表計算ソフトによるシミュレーションで実践した跳ね上げ式門扉の２段階設計 | 中原健司 | 品質工学 | 12 | 2 | 93 | 2004 |
| 19 | 撮りっきりカメラシャッタ機構安定性のタグチメソッドによる設計 | 溝口修理 | 品質工学 | 12 | 3 | 44 | 2004 |
| 20 | シミュレーション実験による射出成形品の安定性評価 | 渡辺光夫他 | 品質工学 | 12 | 3 | 59 | 2004 |
| 21 | シミュレーションによる衝突安全性能向上のためのコンポーネント特性の最適化 | 阿部誠他 | 品質工学 | 12 | 4 | 58 | 2004 |
| 22 | 転写性による射出成形条件の評価－シミュレーションによる転写性の検討－ | 白川智久他 | 品質工学 | 12 | 4 | 66 | 2004 |
| 23 | 品質工学と CAE 活用によるフレーム形状の最適設計 | 留目剛 | 品質工学 | 12 | 4 | 73 | 2004 |
| 24 | シミュレーションによる DC モータのトルクむらの低減 | 田頭康範他 | 品質工学 | 12 | 5 | 47 | 2004 |
| 25 | 数値シミュレーションによる光学部品の許容差設計 | 日座和典他 | 品質工学 | 12 | 5 | 52 | 2004 |
| 26 | CAE を用いた鋳造用鋳型設計条件の最適化 | 垣田健他 | 品質工学 | 12 | 6 | 45 | 2004 |
| 27 | 品質工学に基づくエンジンマウント系の最適設計 | 内田博志他 | 品質工学 | 12 | 6 | 51 | 2004 |
| 28 | シミュレーションによる均一薄膜塗布技術の開発 | 徳安敏夫他 | 品質工学 | 13 | 1 | 39 | 2005 |
| 29 | ソフトウェアバグ検出シミュレーション教材開発と活用成果 | 竹内和雄 | 品質工学 | 13 | 1 | 72 | 2005 |
| 30 | シミュレーションの活用による品質工学の取組み | 神原憲裕他 | 品質工学 | 13 | 2 | 60 | 2005 |
| 31 | シミュレーションによる次世代ステアリングシステム最適化 | 奈良敢也他 | 品質工学 | 13 | 3 | 31 | 2005 |
| 32 | CAE による LCD ドライバ設計の最適化 | 藤由達巳他 | 品質工学 | 13 | 3 | 60 | 2005 |
| 33 | シミュレーションを用いたローパスフィルタのパラメータ設計 | 白川智久他 | 品質工学 | 13 | 4 | 66 | 2005 |

**表Ⅲ.5.2** （続き）

| No. | タイトル | 著　者 | 文　献 | 巻 | 号 | ページ | 年 |
|---|---|---|---|---|---|---|---|
| 34 | 遠心圧縮機のシミュレーションによる最適化の研究(1) －目的機能による解析－ | 江末良太他 | 品質工学 | 14 | 2 | 73 | 2006 |
| 35 | 内燃機関用ピストンのスラップ騒音に対する形状最適化 | 中田輝男 | 品質工学 | 14 | 3 | 94 | 2006 |
| 36 | プランジャ型ソレノイドに対する推力特性のロバスト性向上の研究 | 阿部誠他 | 品質工学 | 14 | 4 | 17 | 2006 |
| 37 | Mg ホットチャンバダイカスト プラグ生成最適化による射出の安定化 | 石原政利他 | 品質工学 | 14 | 6 | 41 | 2006 |
| 38 | 重合反応プロセスの安定化－シミュレーションと品質工学の融合－ | 中島建夫他 | 品質工学 | 15 | 1 | 63 | 2007 |
| 39 | シミュレーションによるエンジン排気流路形状の最適化 | 牧野貴臣他 | 品質工学 | 15 | 1 | 72 | 2007 |
| 40 | 電子回路シミュレーションによる電圧—周波数回路の研究 | 江末良太他 | 品質工学 | 15 | 1 | 87 | 2007 |
| 41 | 遠心圧縮機のシミュレーションによる最適化の研究(2) －エネルギー変化による解析－ | 江末良太他 | 品質工学 | 15 | 2 | 73 | 2007 |
| 42 | 射出成形シミュレーションによる品質評価の研究 | 佐藤清悟他 | 品質工学 | 15 | 6 | 114 | 2007 |
| 43 | シミュレーションによる射出成形機の型締機構の最適化 | 三浦克朗他 | 品質工学 | 16 | 1 | 78 | 2008 |
| 44 | 射出成形シミュレーションを用いた樹脂充てんの最適化 | 大井川一裕他 | 品質工学 | 16 | 2 | 50 | 2008 |
| 45 | 紙ヘリコプタの基本機能－シミュレーションのための基本モデル化－ | 山口信次 | 品質工学 | 16 | 2 | 58 | 2008 |
| 46 | 圧電ダイアフラムの変形の有限要素解析による最適化 | 野沢明弘他 | 品質工学 | 16 | 2 | 67 | 2008 |
| 47 | 円筒カム機構シミュレーションを通した品質工学の適用の方法 | 山田修 | 品質工学 | 16 | 3 | 51 | 2008 |
| 48 | シミュレーションを用いた超解像光磁気ディスクの機能性評価とシステム選択の研究 | 宮田一智他 | 品質工学 | 16 | 5 | 60 | 2008 |
| 49 | 熱流体解析と品質工学による $CO_2$ ヒートポンプ給湯器用蒸発器の最適化設計 | 岩澤直孝他 | 品質工学 | 17 | 3 | 73 | 2009 |

**表Ⅲ.5.2** （続き）

| No. | タイトル | 著　者 | 文　献 | 巻 | 号 | ページ | 年 |
|---|---|---|---|---|---|---|---|
| 50 | 品質工学におけるシミュレーションの効率化 | 内田博志他 | 品質工学 | 17 | 4 | 70 | 2009 |
| 51 | 品質工学に基づく自動車サスペンション系のロバスト最適設計 | 内田博志他 | 品質工学 | 17 | 6 | 69 | 2009 |
| 52 | 数値シミュレーションによる金属製反転ばねのオフライン設計法に関する研究 | 上原一剛他 | 品質工学 | 18 | 1 | 122 | 2010 |
| 53 | トランスミッション動力伝達のシミュレーションによる最適化 | 大野木博章他 | 品質工学 | 18 | 2 | 88 | 2010 |
| 54 | 有限要素法を使ったパラメータ設計による油圧シリンダ用シールの最適化 | 生駒亮久 | 品質工学 | 18 | 3 | 47 | 2010 |
| 55 | ツールクランプ機構の最適設計の研究－シミュレーションによるパラメータ設計から許容差設計までの流れ－ | 五味伸之他 | 品質工学 | 18 | 3 | 75 | 2010 |
| 56 | 流体解析を用いた空調機用空気流れ案内板のパラメータ設計 | 太田裕樹他 | 品質工学 | 18 | 4 | 39 | 2010 |
| 57 | シミュレーションによる感光ドラム駆動ユニットの最適化 | 大村欽也他 | 品質工学 | 18 | 4 | 57 | 2010 |
| 58 | プレス絞り加工の CAE モデル簡略化によるパラメータ設計の効率向上 | 三田智彦他 | 品質工学 | 18 | 4 | 69 | 2010 |
| 59 | レンズアクチュエータのロバスト設計 | 中垣保孝他 | 品質工学 | 18 | 6 | 75 | 2010 |
| 60 | レンズアクチュエータのロバスト設計（第 2 報）－複数物理場連成シミュレーション合理化による基本機能評価の実現－ | 中垣保孝他 | 品質工学 | 19 | 6 | 56 | 2011 |
| 61 | 自動販売機庫内風量の最適化と部品信頼性向上－自動販売機における庫内品温の安定化－ | 中条孝則他 | 品質工学 | 21 | 1 | 36 | 2013 |
| 62 | CAE によるマシニングセンタ構造体の最適化設計 | 吉田光慶他 | 品質工学 | 22 | 3 | 30 | 2014 |
| 63 | 品質工学と V＆V－シミュレーションによるロバスト最適化－ | 沢田龍作 | 品質工学 | 26 | 3 | 3 | 2018 |

**【コラムⅢ.3】 教 材**

実践編レベルの内容を理解して機能性評価やパラメータ設計を自在に操って業務上の課題をこなせるようになった読者には，機能性評価やパラメータ設計を教えるとか実験計画の策定や実施に対してアドバイスすることが期待される．このことに関わって日頃考えていることを述べておきたい．

“入門編”の練習問題に提示した紙コプターはパラメータ設計を学ぶ“教材”ということで一世を風靡した．紙コプターに限らないのだが，多くのパラメータ設計の“教材”は，制御因子を直交表に割り付けて実験に入るまでの時間がパラメータ設計とは直接関係のない作業時間になってしまっているのが欠点である．残念なことではあるが，パラメータ設計の実験をしているのか制御因子の準備作業をしているのか分からないとさえ言える．パラメータ設計にシミュレーションを適用するときも同様である．作業に時間をかけないで済ますことのできるパラメータ設計の“教材”を開発する必要があると考えている．

次に品質工学の教育における教材・教育の仕方についてである．教材とは，教育活動をするときの素材である．紙コプターを教材と呼ぶことが多いが，紙コプターは教材ではなく教具と呼ぶべきものである．教具とは教育内容を教えるための具体的な道具である．したがって紙コプターはパラメータ設計を教えるときの教具である．どちらでもよいと言われそうだが，問題としたいことは紙コプターを使って何を学ぶのか，何を教えるのかが明示されていないことにある．著者が見聞きしてきた品質工学の実習教材あるいは教育内容には，この観点が欠落していると言わざるを得ないものが多い．きつい言い方をすれば“教える”ということに傾注するがために何を教えるのか，どのように教えるのか，何を使って教えるのかなどを考えているのだろうかと疑いたくなるものが少なくない．品質工学を効果的に伝えるために考えていくべきことである．自戒を込めて主張したい．

# Ⅲ. 実践編　練習問題・解答例

## Ⅲ.1.2

**【問】**　基準点比例式の SN 比で評価できるシステムをあげなさい.

**【答】**　トラックの重量計測器，炊飯器でのご飯の炊飯など

### 【練習問題Ⅲ.1.1】

表に示すデータの SN 比を求めなさい.

| 誤差因子＼信号因子 | 6 | 11 | 16 | 21 |
|---|---|---|---|---|
| $N_1$ | 6.2 | 11.3 | 16.4 | 21.1 |
| $N_2$ | 4.9 | 10.0 | 15.4 | 20.2 |

### 【解答例】

与えられたデータをグラフ化するとゼロ点を通らないデータになっている. 信号因子の第 1 水準のデータの平均値［$=(6.2+4.9)/2=5.55$］で基準化すると表のような値になる.

基準点変換後のデータ

| | 0 | 5 | 10 | 15 |
|---|---|---|---|---|
| $N_1$ | 0.65 | 5.75 | 10.85 | 15.55 |
| $N_2$ | −0.65 | 4.45 | 9.85 | 14.65 |

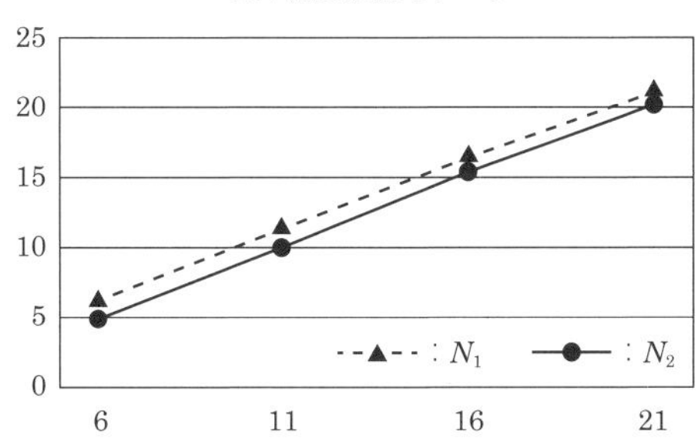

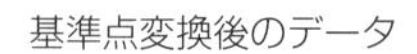
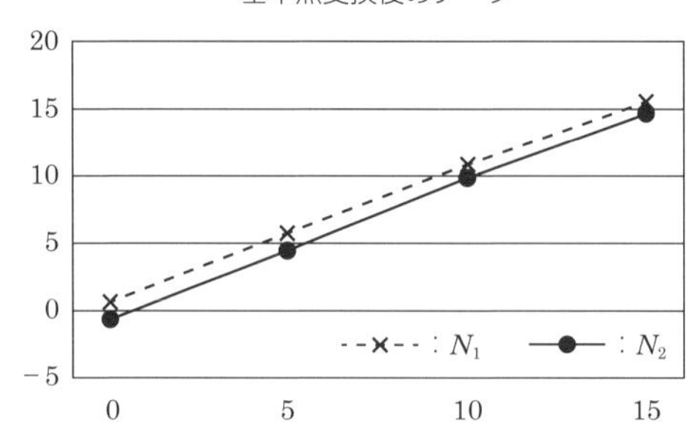


2 乗和の分解の結果は以下のとおり.

$L_1=370.5$, $L_2=340.5$, $r=350$

$S_T=724.88$, $S_\beta=722.1729$, $S_{N\times\beta}=1.2856714$, $S_e=1.4214286$, $\beta=1.015714$

SN 比と感度は以下のとおり.

$\eta=24.26$ [db], $S=0.135$ [db]

**Ⅲ.1.3**

**【問】** 入力と出力の関係が非線形になっている技術の例をあげなさい.

**【答】** 電気回路に使用するフィルタなど.

**【練習問題 Ⅲ.1.2】**

表に示すデータの SN 比と感度を求めなさい.

| 誤差因子 ＼ 信号因子 | 4 | 8 | 14 | 22 |
|---|---|---|---|---|
| $N_1$ | 124 | 60 | 36 | 30 |
| $N_2$ | 112 | 45 | 23 | 15 |

**【解答例】**

与えられたデータをグラフ化すると信号因子とデータは非線形である．$N_1$ と $N_2$ のデータの平均を $N_0$ とし，$N_0$ を信号因子にして $N_1$ と $N_2$ のデータをグラフ化すると線形になる．

標準 SN 比を求めることにする．

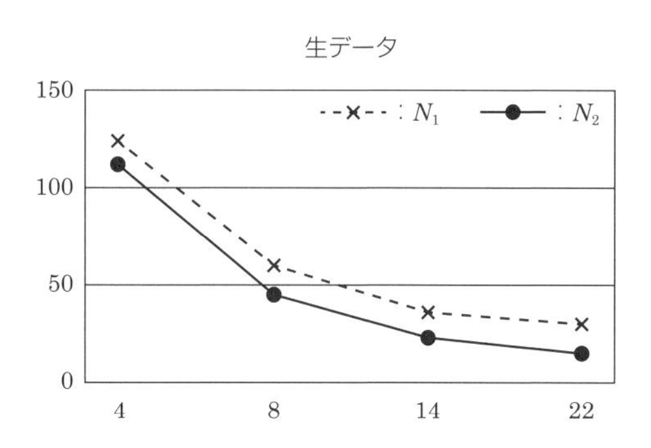


$N_1$ と $N_2$ の平均を信号にしたデータ

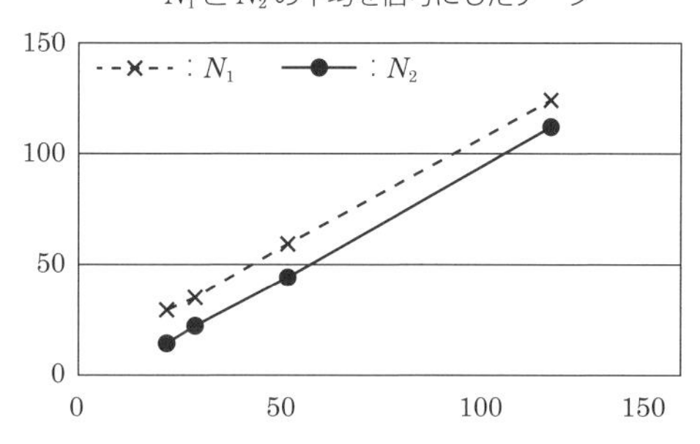


$N_1$ と $N_2$ の平均（$N_0$）を信号因子にしたときのデータは下表のとおり．

| $N_0$ | 118 | 52.5 | 29.5 | 22.5 |
|---|---|---|---|---|
| $N_1$ | 124 | 60 | 36 | 30 |
| $N_2$ | 112 | 45 | 23 | 15 |

2 乗和の分解の結果と SN 比は以下のとおり.

$L_1 = 19519$, $L_2 = 16594.5$, $r = 18056.75$

$S_T = 36495$, $S_\beta = 36113.5$, $S_{N\times\beta} = 236.8283$, $S_e = 144.6717$, $\beta = 1$

$\eta = 19.76$ [db], $S = 0$ [db]

### Ⅲ.2.2

**【問】** 用紙送り機構で不送りに関する機能性評価を行う場合，測定する項目として不適切なものはどれか.

(a) 用紙の搬送距離

(b) 用紙の搬送時間

(c) 用紙の搬送速度

(d) 不送り発生頻度

**【答】** (d)

システムの入出力を想定し，機能性評価では品質特性と呼ばれる項目は測定対象としない. (d) は品質特性と考えられるので不適切な測定項目である.

### Ⅲ.2.3

**【問】** 鉛筆で紙にフリーハンドで真っすぐな線を描きたい. そのときの誤差因子は？

(a) 紙の質感（ツルツル，ザラザラ）

(b) 芯の濃さ

(c) 芯の太さ

(d) 力の入れ具合

**【答】** (a)

線を描くことをじゃまする要因は何かという立場で考える.

**【練習問題Ⅲ.2.1】**

誤差因子を調合するために11要因（2水準）を直交表$L_{12}$に割り付けて特性値を計測したところ，表に示す結果が得られた．調合誤差因子を作りなさい．

**表**　直交表$L_{12}$に割り付けた誤差因子と特性値

| | $A$ | $B$ | $C$ | $D$ | $E$ | $F$ | $G$ | $H$ | $I$ | $J$ | $K$ | 特性値 |
|---|---|---|---|---|---|---|---|---|---|---|---|---|
| 1 | 1 | 1 | 1 | 1 | 1 | 1 | 1 | 1 | 1 | 1 | 1 | 39 |
| 2 | 1 | 1 | 1 | 1 | 1 | 2 | 2 | 2 | 2 | 2 | 2 | 21 |
| 3 | 1 | 1 | 2 | 2 | 2 | 1 | 1 | 1 | 2 | 2 | 2 | 57 |
| 4 | 1 | 2 | 1 | 2 | 2 | 1 | 2 | 2 | 1 | 1 | 2 | 42 |
| 5 | 1 | 2 | 2 | 1 | 2 | 2 | 1 | 2 | 1 | 2 | 1 | 37 |
| 6 | 1 | 2 | 2 | 2 | 1 | 2 | 2 | 1 | 2 | 1 | 1 | 68 |
| 7 | 2 | 1 | 2 | 2 | 1 | 1 | 2 | 2 | 1 | 2 | 1 | 21 |
| 8 | 2 | 1 | 2 | 1 | 2 | 2 | 2 | 1 | 1 | 1 | 2 | 38 |
| 9 | 2 | 1 | 1 | 2 | 2 | 2 | 1 | 2 | 2 | 1 | 1 | 30 |
| 10 | 2 | 2 | 2 | 1 | 1 | 1 | 1 | 2 | 2 | 1 | 2 | 72 |
| 11 | 2 | 2 | 1 | 2 | 1 | 2 | 1 | 1 | 1 | 2 | 2 | 10 |
| 12 | 2 | 2 | 1 | 1 | 2 | 1 | 2 | 1 | 2 | 2 | 1 | 30 |

**【解答例】**

・水準ごとの平均値を求める．

・要因効果図を描く．

・第1水準と第2水準の値を比べて大きい値を示した水準を＋，小さい値を示した水準を－に置き換える．

・＋は特性値に影響を与える，－は特性値に影響を与えないとして整理する．

**表** 水準別平均値

| | 第1水準 | 第2水準 |
|---|---|---|
| $A$ | 44 | 33.5 |
| $B$ | 34.33333 | 43.16667 |
| $C$ | 28.66667 | 48.83333 |
| $D$ | 39.5 | 38 |
| $E$ | 38.5 | 39 |
| $F$ | 43.5 | 34 |
| $G$ | 40.83333 | 36.66667 |
| $H$ | 40.33333 | 37.16667 |
| $I$ | 31.16667 | 46.33333 |
| $J$ | 48.16667 | 29.33333 |
| $K$ | 37.5 | 40 |

**表** ＋－の記号付け

| | 第1水準 | 第2水準 |
|---|---|---|
| $A$ | + | − |
| $B$ | − | + |
| $C$ | − | + |
| $D$ | + | − |
| $E$ | − | + |
| $F$ | + | − |
| $G$ | + | − |
| $H$ | + | − |
| $I$ | − | + |
| $J$ | + | − |
| $K$ | − | + |

**表** 誤差因子の調合

| | $N_1$（影響が小さい） | $N_2$（影響が大きい） |
|---|---|---|
| $A$ | $A_2$ | $A_1$ |
| $B$ | $B_1$ | $B_2$ |
| $C$ | $C_1$ | $C_2$ |
| $D$ | $D_2$ | $D_1$ |
| $E$ | $E_1$ | $E_2$ |
| $F$ | $F_2$ | $F_1$ |
| $G$ | $G_2$ | $G_1$ |
| $H$ | $H_2$ | $H_1$ |
| $I$ | $I_1$ | $I_2$ |
| $J$ | $J_2$ | $J_1$ |
| $K$ | $K_1$ | $K_2$ |

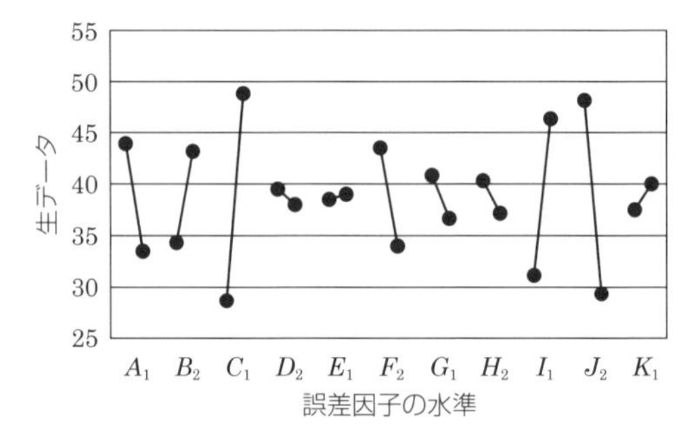


**図** 誤差因子の調合のための要因効果図

**【練習問題Ⅲ.3.1】**

要因 $B$ と要因 $C$ の割合が 10%になるように表 a のように二つの要因の重量を設定した．本文の記述のように直交表に表 a の要因を割り付けると 10%にはならないようである．どのようにすれば要因 $B$ と要因 $C$ を直交表に割り付けたとき 10%になるか考えなさい．

**表 a**

| | 第 1 水準 | 第 2 水準 | 第 3 水準 |
|---|---|---|---|
| 要因 $B$(g) | 100 | 200 | 300 |
| 要因 $C$(g) | 10 | 20 | 30 |

**【解答例】**

表 b に示すように 10%になっているのは，対角線のところだけである．

**表 b**

| | | 要因 $C$ | | |
|---|---|---|---|---|
| | | 10 | 20 | 30 |
| 要因 $B$ | 100 | 0.1 | 0.2 | 0.3 |
| | 200 | 0.05 | 0.1 | 0.15 |
| | 300 | 0.033333 | 0.066667 | 0.1 |

全ての組合せで 10%になるようにするには，例えば表 c のようにすればよい．

**表 c**

| | | 要因 $C$ | | | | |
|---|---|---|---|---|---|---|
| 要因 $B$ | 100 | 0.1 | 0.1 | 10 | 10 | 10 |
| | 200 | 0.1 | 0.1 | 20 | 20 | 20 |
| | 300 | 0.1 | 0.1 | 30 | 30 | 30 |

**【練習問題Ⅲ.3.2】**

あるシステムの運転条件を最適化することが計画されているが，システムの中で物体を加熱する装置がある．最適化に当たり制御因子の一部として加熱時間と加熱温度を表 a のように設定して直交表 $L_{18}$ に割り付けることにしている．直交表に割り付ける前に加熱時間と加熱温度の水準の設定の妥当性を検討しなさい．

**表 a**　設定する加熱時間と加熱温度

| | 第 1 水準 | 第 2 水準 | 第 3 水準 |
|---|---|---|---|
| 加熱時間(h) | 1 | 2 | 3 |
| 加熱温度(℃) | 100 | 200 | 300 |

**【解答例】**

ある物体に加える熱量を加熱時間と加熱温度の組合せで制御するということは，加熱時間と加熱温度をそれぞれ大きくすれば物体に与える熱量がそれに伴って大きくなっていくと考えていると想定する．

熱量のようなエネルギーを時間と温度の組合せで変化させるとき，その水準値次第では与えるエネルギーを小さい値から大きい値に徐々に変化させることができないと考えられる．検討するために以下のような仮定を置くことにする．

物体に与える熱量 $Q$ (kJ) は，式(1)で計算する．

$$Q = 0.278 \times c \times m \times \Delta T/t \quad \cdots\cdots(1)$$

ただし，物体の比熱 $c$ は $c = 0.5$ [kJ/(kg℃)], 物体の初期温度は 20 (℃)，物体の質量 $m$ は $m = 1$ (kg)，$\Delta T$ (℃) は温度差，$t$ (h) は加熱時間である．

この仮定のもとで表 a に与えられた加熱時間と加熱温度を多元配置に割り付けて式(1)に従って熱量を計算すると表 b のようになり，これを図示すれば図 a のようになる．

**表 b**

| | | 加熱時間（h） | | |
|---|---|---|---|---|
| | | 1 | 2 | 3 |
| 加熱温度（℃） | 100 | 11.12 | 5.56 | 37.1 |
| | 200 | 25.02 | 12.51 | 8.34 |
| | 300 | 38.92 | 19.46 | 12.97 |

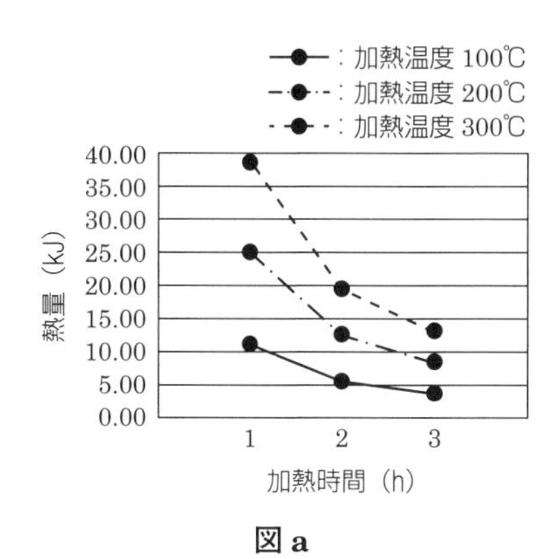


**図 a**

図 a によれば熱量の変化の仕方が加熱時間の変化と加熱温度の変化とで異なっているように見える.

そこで例えば表 c のように熱量を変更すると図 b に示すように加熱時間と加熱温度による熱量が均等に変化するようになる. 熱量を図 b のように変化させるために, 加熱温度は初期の設定値に固定し, 式(1)を使って加熱時間を計算すれば表 d のようになって熱量は均等に変化できる.

**表 c**

| | | 加熱時間（h） | | |
|---|---|---|---|---|
| | | 1 | 2 | 3 |
| 加熱温度（℃） | 100 | 20 | 14 | 8 |
| | 200 | 29 | 23 | 17 |
| | 300 | 38 | 32 | 26 |

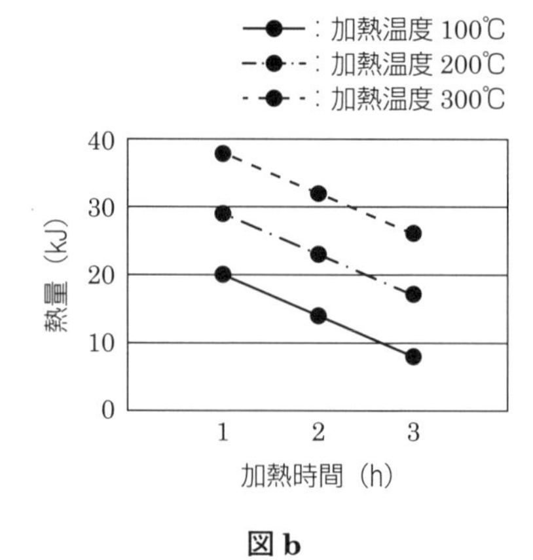


**図 b**

**表 d**

| | | 加熱時間（h） | | |
|---|---|---|---|---|
| | | 1 | 2 | 3 |
| 加熱温度（℃） | 100 | 0.56 | 0.79 | 1.39 |
| | 200 | 0.86 | 1.09 | 1.47 |
| | 300 | 1.02 | 1.22 | 1.50 |

**【練習問題Ⅲ.3.3】**

パラメータ設計にシミュレーションを適用するに当たり，制御因子の各要因の水準を表 a のように選定して直交表 $L_9$ に割り付けることにする．誤差因子は制御因子の各要因全ての水準を ± 10％変化させたものとする．ただし，第 2 水準値は変化させない値である．

このときの内側直交表と外側直交表の直積実験の計画を考えなさい．

**表 a**　選定した制御因子

| | 第 1 水準 | 第 2 水準 | 第 3 水準 |
|---|---|---|---|
| $A$ | 10 | 20 | 30 |
| $B$ | 10 | 20 | 30 |
| $C$ | 10 | 20 | 30 |
| $D$ | 10 | 20 | 30 |

**【解答例】**

直交表 $L_9$ は表 b のようである.

制御因子を直交表 $L_9$ に割り付けると表 c のようになる.

誤差因子を直交表 $L_9$ に割り付けると表 d のようになる.

誤差因子を反映した制御因子は表 e のようになる.

表 e を使って 9 個のデータとし，このデータで例えば望目特性の SN 比を計算する.

**表 b**

| | $A$ | $B$ | $C$ | $D$ |
|---|---|---|---|---|
| 1 | 1 | 1 | 1 | 1 |
| 2 | 1 | 2 | 2 | 2 |
| 3 | 1 | 3 | 3 | 3 |
| 4 | 2 | 1 | 2 | 3 |
| 5 | 2 | 2 | 3 | 1 |
| 6 | 2 | 3 | 1 | 2 |
| 7 | 3 | 1 | 3 | 2 |
| 8 | 3 | 2 | 1 | 3 |
| 9 | 3 | 3 | 2 | 1 |

**表 c**　直交表 $L_9$ に割り付けた制御因子

| | $A$ | $B$ | $C$ | $D$ |
|---|---|---|---|---|
| 1 | 10 | 10 | 10 | 10 |
| 2 | 10 | 20 | 20 | 20 |
| 3 | 10 | 30 | 30 | 30 |
| 4 | 20 | 10 | 20 | 30 |
| 5 | 20 | 20 | 30 | 10 |
| 6 | 20 | 30 | 10 | 20 |
| 7 | 30 | 10 | 30 | 20 |
| 8 | 30 | 20 | 10 | 30 |
| 9 | 30 | 30 | 20 | 10 |

**表 d** 直交表 $L_9$ に割り付けた誤差因子

| | $A$ | $B$ | $C$ | $D$ |
|---|---|---|---|---|
| 1 | −0.1 | −0.1 | −0.1 | −0.1 |
| 2 | −0.1 | 1 | 1 | 1 |
| 3 | −0.1 | 0.1 | 0.1 | 0.1 |
| 4 | 1 | −0.1 | 1 | 0.1 |
| 5 | 1 | 1 | 0.1 | −0.1 |
| 6 | 1 | 0.1 | −0.1 | 1 |
| 7 | 0.1 | −0.1 | 0.1 | 1 |
| 8 | 0.1 | 1 | −0.1 | 0.1 |
| 9 | 0.1 | 0.1 | 1 | −0.1 |

**表 e** 誤差因子を反映した制御因子

| | $A$ | $B$ | $C$ | $D$ |
|---|---|---|---|---|
| 1 | 9 | 9 | 9 | 9 |
| 2 | 9 | 20 | 20 | 20 |
| 3 | 9 | 33 | 33 | 33 |
| 4 | 20 | 9 | 20 | 33 |
| 5 | 20 | 20 | 33 | 9 |
| 6 | 20 | 33 | 9 | 20 |
| 7 | 33 | 9 | 33 | 20 |
| 8 | 33 | 20 | 9 | 33 |
| 9 | 33 | 33 | 20 | 9 |

# 索　　引

し



す



せ



そ



た



ち



て，と

## な，に，の



## は



## ひ



## ふ



## へ



## ほ



## み，む，も



## ゆ，よ



## り，ろ，わ

**統計基礎からはじめる品質工学入門**
**―学習指針表付**

定価：本体 2,800 円（税別）

2020 年 7 月 10 日　第 1 版第 1 刷発行

著　　者　小野　元久
発 行 者　揖斐　敏夫
発 行 所　一般財団法人　日本規格協会
〒 108-0073　東京都港区三田 3 丁目13-12　三田MTビル
https://www.jsa.or.jp/
振替　00160-2-195146
製　　作　日本規格協会ソリューションズ株式会社
印 刷 所　日本ハイコム株式会社
製作協力　株式会社大知


ISBN978-4-542-51147-7

● 当会発行図書，海外規格のお求めは，下記をご利用ください．
JSA Webdesk（オンライン注文）：https://webdesk.jsa.or.jp/
通信販売：電話（03）4231-8550　FAX（03）4231-8665
書店販売：電話（03）4231-8553　FAX（03）4231-8667